中国鸟类图鉴

Vol.2 Shorebird

鸻鹬版

A PHOTOGRAPHIC GUIDE
TO THE BIRDS OF CHINA

章麟 张明/编著

审图号：GS(2016)1552号

海峡出版发行集团

海峡书局

图书在版编目（ＣＩＰ）数据

中国鸟类图鉴：鹬鹬版/章麟，张明主编. 一福
州：海峡书局，2018.1(2018.11重印)
ISBN 978-7-5567-0426-2

Ⅰ．①中… Ⅱ．①章… ②张… Ⅲ．①鸟类－中国－
图集 Ⅳ．①Q959.7-64

中国版本图书馆CIP数据核字(2017)第309688号

出　版　人：林彬
策　　　划：曲利明
编　　　著：章麟　张明
绘　　　图：闻丞
责 任 编 辑：廖飞琴　林前汐　陈婧　卢佳颖　胡悦　陈洁蕾
装 帧 设 计：黄舒堉　李晔　董玲芝

ZHŌNGGUÓNIǍOLÈITÚJIÀN(HÉNGYÙBǍN)

中国鸟类图鉴（鹬鹬版）

出版发行：海峡书局
地　　　址：福州市鼓楼区五一路北路110号
邮　　　编：350001
印　　　刷：深圳市泰和精品印刷有限公司
开　　　本：889毫米×1194毫米　1/32
印　　　张：9
图　　　文：288码
版　　　次：2018年1月第1版
印　　　次：2018年11月第2次印刷
书　　　号：ISBN 978-7-5567-0426-2
定　　　价：128.00元

摄影 /（排名不分先后，按姓氏笔画排列）

Alec Gillespie（澳大利亚）	Alexey Timoshenko（哈萨克斯坦）	Askar Isabekov（哈萨克斯坦）
Ben Lagasse（美国）	Chris Hassell（澳大利亚）	Coke & Som Smith（泰国）
Colin Bradshaw（英国）	Daniel Pettersson（瑞典）	Éric Roualet（挪威）
Gerhard Braemer（德国）	Glen Tepke（美国）	James Eaton（英国）
Jonathan Martinez（法国）	Jyrki Normaja（芬兰）	Markku Huhta-Koivisto（芬兰）
Micha Jackson（澳大利亚）	Michelle & Peter Wong	Nicky Green 诸葛民（英国）
Peter Bjurenstål（瑞典）	Richard Chamberlain（澳大利亚）	Sayam U.Chowdhury（孟加拉）
Shahad Raju（孟加拉）	Smith Sutibut（泰国）	Suwanna Mookachonpan（泰国）
Tom Lindroos（芬兰）	Tomas Lundquist（瑞典）	Tsunehiro Komai（日本）
Ulf Ståhle（瑞典）	Ulrich Weber（丹麦）	Vassiliy Fedorenko（哈萨克斯坦）
Wanna Tantanawat（泰国）	Yuri Artukhin（俄罗斯）	

丁进清	于涛	万绍平	马光义	王尧天	王昌大	王乘东	王常松	王椭华
王殿宝	韦铭	文志敏	孔思义	邓钢	叶海江	田穗兴	邢睿	曲利明
刘兵	刘勤	江航东	汤正华	孙华金	孙晓明	劳浚晖	巫嘉伟	李晶
李东明	李作为	李宗丰	李继鹏	杨华	杨桢淇	肖克坚	吴志华	吴崇汉
沈越	宋迎涛	张永	张宇	张明	张俊	张浩	张铭	张叔勇
张国强	张雪寒	陈丽	陈豫	陈青骞	陈建中	林月云	林剑声	郑建平
赵勃	赵锷	胡振宏	姜克红	宣夏良	夏淳	钱锋	钱斌	徐永春
翁发祥	唐上波	黄亚萍	黄亚慧	鹿中梁	章麟	章克家	彭浩岚	董磊
董江天	董国泰	韩永祥	腾腾	鲍勃	蔡抗援	蔡志扬	薄顺奇	戴美杰

分布图技术支持单位 /

中国观鸟组织联合行动平台、北京镜朗生态科技有限公司

一只斑尾塍鹬一生的飞行里程，比从地球到月球的往返距离还要长。

———珍妮·贝克 《生生不息》 翻译：杨芳州

SHOREBIRDS OF CHINA

This is an important book. Zhang Lin's extensive experience in identifying and studying shorebirds throughout China and overseas forms the foundation for the detailed text on how to distinguish all species of shorebirds that have been recorded in China. This is complemented by a fantastic collection of photographs from Zhang Ming's gallery-a result of more than ten years of shorebird photography-and images by many others. These illustrate plumage variations at different times of year and birds of different ages, and in some cases subspecies.

这部著述颇有分量。作者章麟，贯其在国内外研识鸻鹬类的深厚功力，而得翔述如何区分迄今中国所记述之全部鸻鹬种类。张明逾十年之鸻鹬类摄影经历并众多摄影人士之作品更为本书增光添彩，这些图片充分显示了各鸟种于不同年龄、不同季节的羽色变化，间或深及亚种。

China's shorebirds are facing serious problems. The tidal flats that support hundreds of thousands of birds on northward and southward migration, as well as during the winter, are rapidly disappearing under massive land claim projects, while those areas that remain are being degraded due to factors such as very heavy fishing pressure and aquaculture, and pollution. Land subsidence and sea level rise further exacerbate the situation. Populations of many shorebirds migrating through the Yellow Sea are declining rapidly, and there is increasing evidence that the main drivers of such population declines relate to habitat loss and degradation in the Yellow Sea-including that part along China's coast .

中国鸻鹬类正面临严重困扰。那些曾承载过数十万南来北往迁徙或是越冬鸻鹬类的潮间带滩涂，因大规模土地征用而快速消失[1]，剩余之地又因诸如超强捕鱼之患、水产养殖及污染等原因而劣质化[2]。地表沉降和海平面上升则进一步加剧这一进程。众多经由黄海迁徙的鸻鹬类数量急速下降[3]，且越来越多的证据表明恰是含中国沿岸在内之黄海生境的消失与劣质化成为鸻鹬类数量下降的主因[4]。

The importance of tidal areas, not only for shorebirds, but also the wide range of ecosystem services that they provide, is now becoming recognised and in February 2017 the Chinese Government placed 14 coastal sites on the tentative UNESCO World Heritage List. However, there are still plans for claiming hundreds of square kilometres of tidal flats, especially in Jiangsu Province.

潮间带之重要性绝非仅对水鸟而更在其所提供之广域生态功能，这现已成为共识，2017年2月，中国政府将14处黄海沿岸地带列入联合国教科文之世界遗产预备清单。更有计划将数千平方千米的滩涂地带一并纳入，尤以江苏为重[5]。

Whilst most attention has focused on coastal shorebirds, those that migrate through and breed in interior China also have suffered from large-scale drainage projects that have destroyed hundreds of square kilometres of marshes and bogs, while increasing demands for freshwater for domestic and industrial use is placing further pressure on remaining wetlands. The Chinese Government has ambitious plans for safeguarding remaining wetlands and for wetland restoration , at the same time that rainfall patterns are changing, especially a reduction in total precipitation in northeast China-an important breeding area for many shorebirds.

在关注沿海鸻鹬类的同时，切莫忽视那些迁徙和繁殖于中国内地的鸻鹬类，它们因大规模排涝工程毁掉数百平方千米沼泽和池塘而深受其害，日益增长的民用和工业用淡水需求又加大了现存湿地的负担。中国政府已制订出保护现有湿地和湿地复兴的宏远规划[6]，相对应的是，降水在变化，尤其是中国东北地区总降雨量在衰减[7]，而那里恰是众多鸻鹬类的繁殖地。

With so many threats facing China's shorebirds there is an urgent need to increase awareness of this fascinating group of birds-one which many birdwatchers shy away from as being difficult. In addition to enjoying the challenge of identification, birders can make very valuable contributions to conservation by counting birds and reporting birds with colour bands and flags, thus helping with studies of both migration and population survival. This book will make a very significant contribution to promoting interest in shorebirds and supporting their conservation-Zhang Lin is to be congratulated in this achievement.

考虑到中国鸻鹬类正面临诸多威胁，有必要加强对鸟族中这一奇妙类群的认知——使众多观鸟者不再对其"知难而退"，而是醉心于直面"挑战"去努力辨识；通过对鸟类的数量统计及对那些佩戴彩环和旗标鸟种的观察报告借以助协迁徙和群体生存状况的研究，观鸟者将殊勋于保护事业。本书倡导关注鸻鹬类并襄助其保护，实属善莫大焉——章麟当以此建树荣膺褒扬。

David S. Melville　　　　　　　　　　　　何芬奇 译

[1] Ma Z J, Melville D S, Liu J G, et al. Rethinking China's new great wall. Science, 2014, 346: 912-914.

[2] Melville D S, Chen Y, Ma Z J. Shorebirds along China's Yellow Sea coast face an uncertain future–a review of threats.Emu, 2016, 116: 100-110.

[3] Studds C E, Kendall B E, Wilson H B, et al. Rapid population decline in migratory shorebirds relying on Yellow Sea mudflats as stopover sites. Nature Communications, 2017, 8:14895 | DOI:10.1038/ncomms14895.

[4] Piersma T, Lok T, Chen Y, et al. Simultaneous declines in survival of three shorebird species signals a flyway at risk. Journal of Applied Ecology, 2016, 53: 479-490.

[5] Piersma T, Chan Y C, Mu T, et al. Loss of habitat leads to loss of birds: reflections on the Jiangsu coast, China, costal development plans. Shorebird Study, 2017, 124: 93-98.

[6] An S Q, Li H B, Guan B H, et al. China's natural wetlands: past problems, current status, and future challenges. Ambio, 2007, 36: 335-342.

[7] Piao S L, Ciasis P, Huang Y, et al. The impacts of climate change on water resources and agriculture in China. Nature, 2010, 467: 43-51.

▬▬▬ 常见种

鸻形目 > 三趾鹑科

鸻形目 > 石鸻科

鸻形目 > 蛎鹬科

鸻形目 > 鹮嘴鹬科

鸻形目 > 反嘴鹬科

鸻形目 > 鸻科

鸻形目 > 彩鹬科

鸻形目 > 水雉科

鸻形目 > 丘鹬科

在中国有记录的1400余种鸟类中，鸻鹬类有85种，仅占6%，是一个比较小的类群。但由于其适应性强，它们广泛地分布于中国全境。大多数种类生活于水边，但迁徙时可以远离水面，例如飞越高山之巅。大部分种类具迁徙习性，其中某些种类每年长达数千乃至上万千米的长距离不间断迁飞，是大自然馈赠予我们的奇迹之一。

在全世界的九大水鸟迁飞区中，我国处于中亚—印度以及东亚—澳大利西亚迁飞区。笔者虽居住在上海这一东亚—澳大利西亚迁飞区上鸻鹬的热点地区，并作为最早的一批调查员参与了自2005年开始的中国沿海水鸟同步调查这一志愿性活动至今，但在早期的观鸟生涯中并未对鸻鹬类有较多的观察及感悟。直至很偶然的跟随南京观鸟者雷铭来到位于黄海南部的江苏如东的沿海滩涂，才真正地被那壮观的鸻鹬群震撼并投身到鸻鹬类的观察与保育之中。在此过程中，缘起于我们的一些创纪录的发现，例如世界范围内最大的勺嘴鹬、小青脚鹬、半蹼鹬、东亚蛎鹬等的集群之一，一些观鸟者联合起来组成了如"勺嘴鹬在中国"之类的非政府组织（NGO）。

在我国，鸻鹬类面临生境丧失及捕猎两大威胁，其中东部沿海地区的经济发展中所进行的对潮间带滩涂的围垦带来的威胁尤甚。因此东亚—澳大利西亚迁飞区有九大水鸟迁飞区中最多的受胁鸻鹬种类，其中极危的勺嘴鹬和濒危的小青脚鹬、大杓鹬、大滨鹬等更是为该迁飞区所特有（仅极危的黄颊麦鸡位于此区之外）。

张明/摄

近年来有越来越多的鸟类学者及观鸟者关注鸻鹬类的研究及保育，但这力量还远远不够。例如本书所采用的分类系统主要参考了《中国观鸟年报》"中国鸟类名录"4.0（2016），其中三趾鹑科Turnicidae由鹤形目GRUIFORMES移入鸻形目CHARADRIIFORMES，而*Eurynorhynchus*（勺嘴鹬）属笔者更倾向于将其并入*Calidris*（滨鹬）属，似乎在种以上的阶元中变化不大。但实际上在亚种的阶元上有很多问题并未厘清，如俄罗斯的学者通常采纳更多的亚种，有些著者认为一些亚种应提升为种，或有些为无效亚种，我国也有研究者在不久的将来可能会发表一些新的亚种。虽然由于学术水平及成书时间所限，在这些问题上本书目前仅能提供给读者一些可能性，但希望本书能够帮助读者解决一些观察鸻鹬时的困惑，提高观察鸻鹬类的兴趣及水平。也请读者们不吝赐教，共同交流学习，为鸻鹬类的研究及保育提供坚实的技术支持。本书若有机会修订再版，我们非常希望将观鸟者及学者们的一些最新发现囊括其中。

如何观察鸻鹬

在一片乍看上去非常荒芜的滩涂上，突然飞起一大群鸟，形成壮观的鸟群。成百上千只鸟似有默契般同步扭转、加速、减速，时而展现它们深色的上体，时而展现浅色的下体。还不时近距离地掠过我们身边，那呼呼的扑翅声清晰可闻。这样的奇景相信给很多观察鸻鹬类的观鸟者都留下了深刻的印象。但随之而来令人感到头疼的问题是，这么多鸟如何一一辨识？

张明/摄

鸻鹬类大多喜欢在开阔地带活动，因而较容易观察到。但辨识它们并不那么容易。有时它们远在数百米开外的泥泞地中，难以接近，而光线又恰巧不那么配合。或者虽然光线尚可，但接近地面处蒸腾的气流对观察干扰很大。用望远镜观察时，较强的风会使二脚架抖动。若正处于沙地中，则风沙对观鸟者的眼睛和器材是一个不小的考验。当上述条件均难得的非常配合时，令观鸟者感到困惑的还有很多鸻鹬类复杂的羽色变化。喜欢集群的种类其个体间互相遮挡，并且在休憩时喙部隐藏于背部羽毛中，而腿部可能立于滩涂低洼处，也常使观鸟者难以观察到某一个体的局部细节。

有经验的观鸟者往往仅用双筒望远镜甚至是肉眼快速一扫就能辨识很多鸻鹬的种类。他们通常并不先聚焦于具体的羽色，而是着重观察鸟的相对大小、轮廓、行为以及在可能的情况下注意鸟的叫声。由这些基本点出发，可以比较准确的辨识种类。继而仔细观察羽色细节，可以区分幼羽（juv.）、第一冬羽（1st-win）、第一夏羽（1st-sum）、繁殖羽（br）、非繁殖羽（non-br）等不同羽色的个体。

这样的辨识方法不仅适用于鸻鹬类，也几乎适用于所有其他鸟类。通过观察鸻鹬类来提高自己的鸟类辨识技巧不失为一个好方法。

野外注意事项

观察鸻鹬与观察其他鸟类的基本常识虽一致，但也有其特殊之处。例如在内陆湿地，鸻鹬类常见与雁鸭等其他水鸟活动于泥泞之处。这些地方，尤其是刚刚吹填完成的围垦区，有时表面已被日光晒干，看上去坚固到足以支撑人体。但一旦观鸟者踏入其中，常会立刻发现表层以下仍为淤泥，腿部下陷可达膝部或更甚。笔者对此的建议是远离。我们常说不是所有的鸟类都可以被辨识。若无法靠近观察目标，记录下如"五百只未辨识小型鸻鹬"是完全可以接受的。

另一种常使人感到困难的生境是潮间带滩涂。在我国东部沿海，潮汐基本是正规的半日潮，每日有两个高潮位和两个低潮位，高潮和低潮之间时差约6小时。每日的高潮潮位及潮时均不同。通常一个月中较高的高潮发生在新月和满月前后，为大潮汛；而较低的高潮发生在上弦月及下弦月前后，为小潮汛。一年当中通常秋季的高潮远远高于春季的高潮，最高潮与最低潮的潮位差可达数米。另外，潮水涨落时在滩涂表面推进的速度还与滩涂的地形有关。例如著名的杭州湾大潮发生于秋季，且因河口由外向内迅速变窄，涨潮时潮水推进速度快且能激起很大的浪。滩涂表面泥沙淤积的情况各有不同，且常有潮沟发育。如上所述，较淤的滩涂常使观鸟者望而却步。而较硬的滩涂却更具欺骗性——往往不知不觉在落潮时跟随鸻鹬群走出数千米之远，跨越了数条宽且深的潮沟，观察鸻鹬达数小时而忘记了数小时之后即将来临的涨潮。等到发觉潮水上涨，即将将观鸟者包围时，横亘在观鸟者与海岸之间的是低潮时较易跨越，而此时已水深至膝甚至至腰且潮水极速流动致人难以保持平衡的潮沟。最坏的情况可能是器材进水，或观鸟者浑身湿透站立于潮水中等待落潮，而此时周围已无任何鸟类可以观察，甚至是潮水没顶致观鸟者死亡。因此在潮间带滩涂观鸟，笔者的建议是，如果是第一次造访一个地方，勿轻易下滩。在行前需要查询好当地的潮汐时刻及高度，在岸边观察潮汐的涨落情况及鸟群随潮水涨落的移动情况。另外如遇在当地滩涂工作的渔民，多与他们交流及多观察他们跟随潮水涨落的移动情况，以及了解到固定在滩涂某些部位的救生筏的位置都是极好的。在多次观察后，选择合适的行进路线，才可以既保证人身安全，又在最好的距离及光线下观察鸻鹬类。

查询潮汐的渠道有多种，在此不一一赘述，仅举例如下：

中国海事服务网　http://ocean.cnss.com.cn

需注意各种潮汐表中的各个地点均会标明"潮高基准面在平均海平面下若干厘米"。这些潮高基准面会有所不同，因而在比较各地潮汐情况时不可只参考预报的绝对高度数值。

在由潮汐表获知当日潮汐情况后，还需考虑实际天气状况对潮汐的影响。通常强烈的北风会令潮水上涨更早及更高。

另有一些特殊的器材及用品在滩涂及各种开阔地带上进行观鸟时也非常有帮助，列举若干如下：

涂抹防晒霜及穿长袖高领衣服及遮阳帽，避免脱水及晒伤；

折叠凳，在风大时可以降低三脚架高度，坐着观察以减小抖动带来的影响；

在三脚架的脚钉处套上3个塑料饮料瓶，可防止三脚架歪斜于淤泥；

携带泳池中常用的泡沫漂浮板，既可将摄影器材置于其上，于滩涂表面缓慢推行靠近鸻鹬以取得低角度的照片，又可用于陷于滩涂时的自救；

防抖望远镜。此类产品选择有限，比较成熟的有佳能的防抖双筒系列。在不方便携带单筒望远镜时，可考虑使用放大倍数较大的防抖双筒望远镜。而尼康的防抖单筒望远镜非常重，需配合较重的三脚架及云台，因此适合定点观察及随车携带而非数千米的徒步观察。

宣夏良/摄

鸻鹬类体表各部位示意图

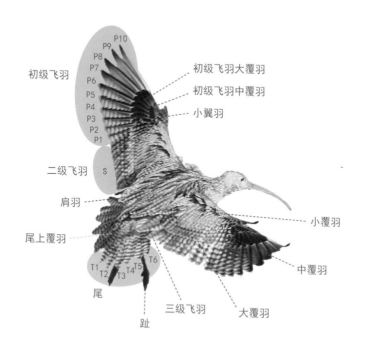

初级飞羽
P10
P9
P8
P7
P6
P5
P4
P3
P2
P1

初级飞羽大覆羽
初级飞羽中覆羽
小翼羽

二级飞羽　S

肩羽

小覆羽

尾上覆羽

中覆羽

尾
T1 T2 T3 T4 T5 T6

三级飞羽

大覆羽

趾

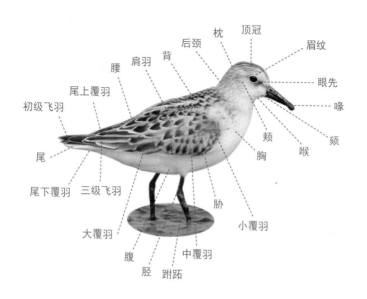

枕　顶冠
后颈
背　　眉纹
肩羽
腰
尾上覆羽
眼先
初级飞羽
喙
颊
颏
胸
喉
尾
小覆羽
尾下覆羽　三级飞羽
胁
大覆羽
中覆羽
腹　胫　跗跖

换羽

鸟类的羽毛由于风吹、日晒、雨淋、剐蹭等原因而逐渐磨损，其功能逐渐减弱。因此它们需要通过换羽，用新的羽毛替换旧的羽毛。换羽的过程需要能量的支持，不同的种类或同一种类中不同的类群（如不同的亚种、性别、年龄）的换羽规律会有差异。虽然大多数鸻鹬类的换羽有其普遍规律，但更细致的研究上述不同的换羽规律，有助于了解不同类群的迁徙策略、对生境的需求等等的差异，能更好地帮助保育人员制定有针对性的保育计划。例如近年来发现勺嘴鹬及小青脚鹬等的大部分成年个体及至少部分幼年个体秋季在江苏南部完成完全换羽，因而滞留时间长达月余。通过直接计数、观察换羽及带有环志的个体的情况，可以估算出其种群数量，并可以说明这一区域在此两种鸟类生活史中的不可替代性。

换羽常会极大地改变鸟类的外观，例如很多鸻鹬类的繁殖羽与非繁殖羽看上去就像是两种不同的种类。对很多迁徙的种类来说，这两种羽色的较大差异可以令其在繁殖地与非繁殖地这两种不同的生境中更好地伪装。掌握相似种类的不同的换羽规律，对野外辨识也有极大帮助。例如在勺嘴鹬的章节中，有对其和红颈滨鹬的换羽规律的差异的讨论。

对换羽及其产生的不同羽色的描述，有各种名词及系统。本书采用观鸟者比较容易理解的幼羽、第一冬羽、第一夏羽、（成鸟）繁殖羽、（成鸟）非繁殖羽。注意：这里的冬夏是指我国所处的北半球的冬夏。当我们说某种鸟飞往南半球"越冬"的时候，实际上在南半球正处夏季。

成鸟一般一年进行两次换羽。在繁殖结束后，它们进行完全换羽，把包括飞羽及尾羽在内的羽毛都替换。而在春季，它们进行部分换羽，仅更替头部和上下体的羽毛。在进行完全换羽时，有些短距离迁徙的种类在繁殖地时即开始更替飞羽，然

换羽中的小青脚鹬、黑腹滨鹬、灰斑鸻与黑尾塍鹬－8月/江苏/汤正华
飞羽的换羽会造成翅后缘明显的羽毛缺失及新旧羽毛长度与颜色的差异

后暂停换羽（suspended moult），等到达迁徙停歇地时再继续换羽，在迁徙停歇地或者越冬地完成换羽；而有些长距离迁徙的种类则主要在越冬地进行换羽。仍以江苏南部为例，在繁殖结束后的7—8月份，有很多滕鹬、沙锥、大滨鹬、红颈滨鹬等集大群经过，但仅做短暂停留，继续飞往南半球的越冬地去进行完全换羽，因而若在此期间于此处短暂观鸟时常常不会碰到它们的大集群；而勺嘴鹬、小青脚鹬这些主要在亚洲南部越冬以及白腰杓鹬、灰斑鸻、黑腹滨鹬等会集大群在此处越冬的种类则于7—10月间在此完成完全换羽，因而在任何时间去都比较容易碰到大的集群。在进行完全换羽时除体羽由繁殖羽明显地向非繁殖羽过渡外，当鸟类舒展翅膀或飞行时，比较容易观察到翅后缘某些飞羽的缺失，这即是旧的飞羽已脱落而新的飞羽还未完全长出造成的效果。通常初级飞羽的更替由内（P1）向外（P10）进行（P11几乎不可见，不做讨论），内侧3—4枚小的初级飞羽同时更替，而外侧几枚大的初级飞羽则很少会同时更替，以保证仍有较强的飞行能力。次级飞羽的更替则由外（S1）向内进行。尾羽的更替由中央（T1）向两侧进行。

除上述基本形式外也有一些其他不同的换羽规律，例如三趾鹬由外侧和内侧向中央进行初级飞羽的更替。

个别体型比较大的种类，特别是蛎鹬，偶尔的其外侧旧的初级飞羽并不在繁殖期后的几个月更替为新羽，而是保留至长达两年后才进行更替。此称为延迟换羽（arrested moult）。

当年出生的幼鸟在向第一冬羽过渡时，一般仅进行部分换羽。在我国的秋季早期常可看到它们着非常新的飞羽，翅后缘没有飞羽缺失。在秋季后期当成鸟的新羽已生长完全，翅后缘也无明显飞羽缺失后则不易与第一冬羽个体区分。在幼鸟抵达越冬地后，各个种类或种群则采取非常不同的换羽策略。

年龄判别

在通过羽色来判断鸻鹬的种类时，通常需要知道该鸟处于哪种年龄阶段的羽色。当进行环志工作时，我们可以将鸟握于手中仔细检查每根羽毛的状况。而在野外当鸟处于站立状态时，大部分的飞羽及尾羽被遮挡，仅在其展翅或飞翔时我们有可能抓拍到质量较好的照片，但照片呈现的细节仍然可能有偏差，不能应用将鸟握在手中时的一些判别特征。因而我们在此主要讨论在野外比较实用的判别方法。

一个很有用的特征是磨损程度不同的羽毛间形成的对比。当羽毛磨损时，它们会变得颜色更浅、更呈褐色，羽毛边缘不整齐，缺刻较多。磨损的羽毛在脱离之前松散地附着于体表，因而常看上去更下垂。这些磨损了的羽毛与新生的羽毛间常形成强烈的对比。

注意羽毛的浅色部分不如深色部分耐磨，因而在磨损过程中羽毛的变化可导致一只鸟的整体外观发生明显变化。例如一枚具白色边缘的黑色羽毛，在磨损后首先白色羽缘变窄继而消失，仅剩灰褐色的大部。周围的羽毛皆如此磨损后，鸟的这个部位看上去不再呈鳞片状，而呈单调的灰褐色。读者需注意磨损带来的外观变化与换羽带来的变化间的区别。

● 幼羽

当鸻鹬长出正羽后，即着幼羽，对应个体为幼鸟。这些羽毛同时长出，因而外观非常统一。幼羽的特征为较小的肩羽和翼覆羽。幼羽的肩羽和翼覆羽常具明显的浅色边缘，使得幼鸟的上体看上去呈鳞片状。在秋季，当幼鸟与着磨损羽或正在换羽的成鸟在一起时，两者对比强烈，常使人以为是两种不同的鸟。在翅膀展开时，幼鸟的初级飞羽呈浅褐色，而成鸟的新羽呈黑褐色。幼鸟的初级飞羽更尖而窄，成鸟的则更宽而圆。次级飞羽及尾羽也有此成幼差异。幼鸟的上述羽毛的抗磨损能力较差。幼鸟向第一冬羽过渡后，比较难与成鸟非繁殖羽区分，尽管仍保留有一些幼羽的特征（尤其是内侧的中覆羽，握于手中时可见）。有些种类的幼鸟在离繁殖地不远即开始换羽，而有些则到达位于很远的南方的越冬地才开始换羽。

除羽色外，有些种类的幼鸟其喙与腿等裸露部位的色彩比成鸟暗淡。另外，幼鸟通常比成鸟的翅及喙短，但仅在某些大型种类如大杓鹬中喙长的差异肉眼可见。

● 第一冬羽

在秋冬季，幼鸟逐渐更替其头部及上下体的羽毛，以及某些翼覆羽、尾羽和飞羽。背部及肩羽更替后，与成鸟非繁殖羽相像。当翼覆羽未完全更替时，它们会与背部及肩羽呈现一定程度的对比。

● 第一夏羽

在冬末至春季第一冬羽的个体进行部分换羽，逐渐更替其头部及上下体的羽毛。有些会比较接近成鸟繁殖羽，而另一些则更接近非繁殖羽。在春末，一群鸟当中，接近非繁殖羽的第一夏羽个体与完全繁殖羽的成鸟呈现强烈的对比。未更替的翼覆羽和飞羽此时看上去磨损的已非常厉害。大多数第一夏羽个体不参与繁殖，整个夏天待在越冬地、迁徙停歇地或接近繁殖地的地方。

● 第二冬羽

第一夏羽个体在繁殖季结束后进行完全换羽后呈现的羽色称第二冬羽。此换羽过程比成鸟向非繁殖羽换羽更早的开始。换羽后与成鸟非繁殖羽基本无法区分。

● 第二夏羽

在冬末至春季第二冬羽的个体进行部分换羽后呈现的羽色称第二夏羽。在小型鸻鹬中，此羽色与成鸟繁殖羽基本无法区分。在大中型鸻鹬中，此羽色通常介于成鸟繁殖羽与非繁殖羽之间。有些种类在此年龄会去繁殖地参与繁殖，另一些则不参与繁殖而仅至迁徙停歇地或接近繁殖地的地方。

● 成鸟非繁殖羽

在繁殖季结束后进行的完全换羽后所呈现的羽色称成鸟非繁殖羽。通常比繁殖羽更暗淡，虽然在有些种类中与繁殖羽相比外观差别不大。

● 成鸟繁殖羽

在冬末至春季进行部分换羽后所呈现的羽色称繁殖羽。通常比非繁殖羽更亮丽，虽然在有些种类中与非繁殖羽相比外观差别不大。

性别

某些大中型的种类在繁殖羽时可以通过羽色区分雌雄。在量度上，雌性常比雄性大而重，喙更长，但在有些种类中是相反的。

鸣声

如同辨识很多其他鸟类一样，通过鸣声来辨识鸻鹬类是一个不错的方法。有些本地繁殖的种类，求偶炫耀时会发出与平日不同的声音。这对于寻找隐蔽在地面繁殖的种类很有帮助。有些在迁飞时飞行高度不高的种类，会发出独特的人耳可闻的联络叫声，常与它们在地面时发出的声音非常不同。听到这样的声音时经常鸟群距离还较远，不可见，稍等片刻即会看到鸟群迁飞而来，从而可以统计其迁飞个体的数量。但用文字来描述声音非常困难，因此在本书不做过多尝试，仅当声音对于辨识非常重要时略为提及。读者可自行搜索互联网下载鸻鹬类鸣声，并在野外多多实践，逐步记住一些常见甚至不常见种类的声音。

环志

环志是鸟类研究的基础手段之一。英国的Nigel Clark于1979年在世界上首次采用彩色塑料旗标来标记鸻鹬类。但实际上目前在欧洲对这种方法的使用并不及我国所处的东亚－澳大利西亚迁飞路线上普遍。该迁飞路线有一套比较完整的彩色旗标分配协议，如下表所示：

黑 黑 黑 蓝	缅甸		
黑 蓝	菲律宾		
黑 绿	泰国	泰国湾（右腿）	
		泰国半岛力邦岛（左腿，剪角）	
黑 橙	印尼	爪哇岛	
		巴厘岛	
黑（右胫）	中国	崇明岛（右胫）	
白（右胫）		杭州湾南岸（左胫，右胫蓝环/旗）	
黑 黄	马来西亚 （建议）		被误用于堪察加
黑（左） 无	印度	南部	
黑（编码） 无	新西兰、澳大利亚、美国		（斑尾塍鹬）

蓝 / 黑	中国	海南—广西		
蓝 / 蓝	日本	北部	北海道北部小向湖	
蓝（环）/ 绿	美国	阿拉斯加西部	诺姆	
蓝 / 绿	蒙古			
蓝（左）/ 橙（左）	日本	南部	九州（胫和跗跖）	
			冲绳（均在胫部）	
蓝（左）/ 白（左）	日本	东京湾（胫和跗跖）	带津	谷津滩涂（剪角）
		宫城县（均在胫部）		
蓝 / 黄	中国	渤海湾	唐山	
			沧州（剪角）	
蓝（左）/ 无	日本	北部	北海道东部春国岱	
绿 / 黑	柬埔寨			
绿 / 蓝	中国	江苏	如东丰利（左）	
			东台强港（右）	
绿（环）/ 绿	美国	阿拉斯加北部	坎宁河	
绿 / 绿	斯里兰卡			
绿 / 橙	中国	鸭绿江		
绿 / 白	新加坡			

颜色	国家/地区	位置	备注
绿 黄	澳大利亚	卡奔塔利亚湾	
绿 无	澳大利亚	昆士兰州	
橙 黑	印度尼西亚	苏门答腊	
橙 蓝	澳大利亚	塔斯马尼亚	
橙（环） 绿	美国	阿拉斯加西北部	克鲁森斯特恩海岬
橙 绿	澳大利亚	新南威尔士州	
橙 橙	印度尼西亚	西巴布亚省	
橙 白	韩国	黄海东部（旧）	
橙 黄	澳大利亚	南澳大利亚州	
橙 无	澳大利亚	维多利亚州	
白 黑	中国	崇明岛（旧）	
白 蓝	中国台湾	台湾地区	
白（编码） 蓝	中国台湾	台湾岛	北部（左腿） 南部（右腿）
白 蓝（编码）	中国台湾	金门与澎湖（左腿） 马祖与东沙岛（右腿）	马祖（不剪角） / 东沙岛（白旗剪角）

白 / 绿	新西兰	南岛	
白 / 橙	韩国	黄海东部	
白 / 白	印度	北部	
白 / 黄	中国	香港	
白 / 无	新西兰	北岛	
黄 / 黑	俄罗斯	堪察加	近期误用上黑下黄旗标
黄 / 蓝	澳大利亚	北领地	
黄（环） / 绿	美国	阿拉斯加北部	巴罗
黄 / 绿	越南		
黄 / 橙	澳大利亚	西澳大利亚州西南部	
黄 / 白	俄罗斯	库页岛（萨哈林）	
黄 / 黄	孟加拉		
黄 / 无	澳大利亚	西澳大利亚州北部	
浅绿 / 无	俄罗斯	楚科奇南部	

颜色	国家	地区	备注
浅绿 白	俄罗斯	楚科齐南部	白旗可能有编码
石灰绿 白	阿曼	巴尔阿勒希克曼	与彩环组合使用*
浅蓝 无	俄罗斯	楚科齐北部	
浅蓝 白	俄罗斯	朗格尔岛	
浅蓝（环） 绿	美国	阿拉斯加北部	依克匹克帕克 普拉德霍湾
红（环） 绿	美国	阿拉斯加北部	巴罗
红 无	新西兰	南岛	（斑尾塍鹬）

*石灰绿和浅绿在野外难以区分

　　鸻鹬类体表比较适合放置彩色标记的地方为腿部（胫和跗跖）。读出鸻鹬腿上旗标的颜色组合后，就可以知道它们被环志于哪个地区。有些地区使用两个旗标，对于两个旗标均位于胫部，或一个位于胫部而另一个位于跗跖有的有特殊规定，有的无特殊规定。有些地区对于旗标置于左腿还是右腿有特殊规定。还有地区采用剪角旗标进一步增加可能的组合。需注意，虽然有些地区分配了彩色旗标的组合，但所环志的鸻鹬并不多，或虽环志过很多鸻鹬但仅限于某些种类。因此建议读者身边常备此表格（书后附表可裁下），在野外多实践，逐渐记住各种常见组合，并经常上报自己的观察记录及与环志者多交流。在观察到不常见的彩色旗标组合时，首先要考虑是否其为常见组合但因各种原因旗标的颜色发生了改变。如白色旗标常呈污黄，而黄色旗标则可能颜色变淡。在不能十分确定颜色时可以在笔记里详细描述。事后可根据环志者的反馈来确定自己观察的准确性。当然，在事后还原现场的情况总是有难度的，所以能在现场进行确认总是最好的。例如，2014年笔者在澳大利亚北领地的达尔文环志时曾有当地观鸟者报告一只带有上白下黑旗标的红颈滨鹬。上白下黑旗标组合为上海崇明东滩保护区所使用，但该保护区在2005年前后将其更换为了上黑下白旗标。因此若这鸟佩戴上白下黑旗标，则其已10余岁。对于红颈滨鹬这种小型鸻鹬，能活到10余岁实属不易，而看到一只10余岁的带有环志的个体则可能性更是非常的低。于是笔者在工作结束后，光线昏暗到几乎无法再进行观鸟的时候，努力地近距离确认该鸟佩戴的为上黄下蓝旗标，是在2008年环志于达尔文当地的。

楚科齐北部环志的勺嘴鹬。左腿：金属环/浅蓝旗标；右腿：蓝环/白环。在大多数观察报告及照片中浅蓝旗标被描述为白色或黄色，而白环则呈现黄色－9月/江苏/李东明

　　除了传统的彩色旗标，东亚－澳大利西亚迁飞路线上还采用了带编码的旗标。这些旗标的编码是唯一的，因此若观鸟者可读出编码，不仅可识别出该鸟被环志于哪个地区，还可具体知道其为哪一只特定个体。这样的个体若在迁飞路线上多处被观察到，则其勾勒出的将是该个体更详细的活动路径。为了令编码更易识别，通常编码旗标的面积比普通旗标大。观鸟者若注意到比较大的旗标时，能靠近观察最佳。

　　但受旗标的体积限制，编码仅为2－3位数字和/或字母，其组合是有限的。另外编码在观察条件不佳时并不容易读出。因此又发展出了彩环与旗标相组合的方法。常见的有四个彩环加一个旗标的组合，其中两个彩环在左跗跖，另两个彩环在右跗跖，而旗标则可在胫部或与彩环同在跗跖。观察者需要读出旗标及彩环的颜色及位置才可以将该鸟识别到个体。注意这里的左右是指鸟本身的左右。假设观察者位于该鸟背后，则此时左面那条腿即为鸟的左腿。旗标的颜色可能和相邻的彩环颜色相同，在彩旗正面而非侧面对着观察者时看上去就如同一个彩环，因而需要观察者从多角度进行确认。除了旗标及彩环，在大多数鸻鹬腿上环志者仍然保留了最传统的环志即金属环。金属环通常呈银灰色，但在沾污后可能呈现为其他颜色而与彩环相混淆。在可能时，观察者不妨也记录下金属环的位置。在极个别的目击报告中，环志鸟并未佩戴可识别到个体的旗标或彩环，但观察者拍到了十分清晰的照片，放大后甚至可以读出金属环上的部分编码从而可将该鸟识别到个体。

　　虽然近年来发展了无线电跟踪、卫星跟踪、光敏地理定位仪等科技，传统的用旗标/彩环标记鸻鹬的方法仍然是不可替代的。其优势在于重量较轻，可应用于小型的鸻鹬；价格较低，可大量应用；野外容易识别，无需重捕。跟踪设备由于各种原因会失去其工作能力，而旗标/彩环则会在鸻鹬的腿上保持较长时间，在跟踪设备失效后我们仍有机会通过旗标/彩环来继续跟踪它们。当一只鸻鹬的腿部被其他物体遮挡时，观察者可能会发现有一根细细长长的东西突出于其背部。这可能是某种跟踪设备的天线，于是提醒观察者努力去观察其腿部可能的旗标及彩环。

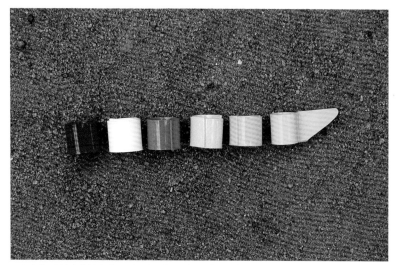

西澳大利亚州北部使用的彩环（红、白、蓝、石灰绿、黄）及黄色旗标（剪角）/Chris Hassell（澳大利亚）

  各地区除了按照通常的协议来标记鸻鹬外，还会采用一些个别的标记方法。如在勺嘴鹬的迁徙经停地上，为了减少两个旗标对这种极度濒危鸟类的影响，采用了单一的黄色编码旗标；而在位于俄罗斯楚科齐南部的繁殖地人工抚育长大的幼鸟身上则采用白色编码旗标。勺嘴鹬并不至西北澳大利亚和新西兰北岛越冬，因而采用黄色和白色旗标不会导致混乱。

  在环志过程中也存在着负面的例子。如俄罗斯的堪察加地区被分配的旗标组合为上黄下黑。但在2015年秋季，不知何故，环志者将全部旗标按颠倒的顺序放置在了鸻鹬腿上，并且在2016年决定继续使用这个错误组合。幸运的是，虽然建议给马来西亚使用的旗标组合为上黑下黄，但马来西亚还未曾使用其来标记鸻鹬，因此堪察加的错误暂未造成混乱。在将来马来西亚开始进行鸻鹬的标记时可能要考虑使用其他颜色组合。

  读者在野外观察到带有彩色标记的鸻鹬时，请报告给中国沿海水鸟同步调查项目组的白清泉flagsightings@163.com或笔者lin.zhang@sbsinchina.com，也可以报告给中国鸟类环志中心。香港地区的环志可直接报告给梁嘉善katsoftdrinks@yahoo.com.hk，台湾地区的则可直接报告给蒋忠祐dec.chiang@gmail.com。若可用英文写作，也可发至东亚－澳大利西亚迁飞路线上负责收集环志目击报告的协调人flagging@awsg.org.au。一些个别鸟种有其特殊的环志，可单独报告给相关的研究人员，如勺嘴鹬可以报告给笔者，环颈鸻请报告给北京师范大学的阙品甲quepinjia@gmail.com等。报告内容需包括观察者的姓名及联系方式、地点（若有坐标更好）、鸟种（若有性别、年龄、换羽、身体状况等信息更好）、旗标/彩环的组合及编码（若有旗标/彩环磨损状况更好）。另外，一些附加信息如照片、生境描述、鸟群数量、观察条件、该鸟是否佩戴其他跟踪设备等可酌情提供。有时一只鸻鹬的两条腿仅部分可见，或有时一条腿完整可见但无法确定是左腿还是右腿，但这些观察记录仍然是值得报告的。

　　当我们在一群常见鸻鹬中发现一只比较特别的个体时，记得首先要想到这可能是另一个常见的种类，或与该群同种但为不同的羽色，而不是去考虑其为罕见种。因此本书在分种介绍时将所有种类分为国内常见与国内罕见分别对待。并且在具体描述时也侧重于详细描述国内常见种。希望读者能多关注、观察、记录常见种及其生存状况，而不必花过多时间研读罕见种。在将常见种熟记后，自然而然会独立发现罕见种，将它们添加在个人及地区名录中。在附录中还列出了分布于周边地区，可能于将来能够确认记录于我国的鸟种。有些罕见鸟种不同的著作对其在中国的记录状况描述不同，本书酌情选取其中个别鸟种描述于国内罕见部分（如马来鸻、红胸鸻等），而将其余种类置于附录。

鸟种编号　常用中文名

常见种
拼音
常用英文名
学名

鸟种信息

图片编码
鸟种信息
拍摄时间
拍摄地点
拍摄者
图片说明

分布示意图

重点提示

文字描述

鸟种特征描述

常见种 | 鸻形目 CHARADRIIFORMES / 鸻科 Charadriidae

21 铁嘴沙鸻

(tiězuǐshāhéng) **Greater Sand Plover** *Charadrius leschenaultii*
体长 / 19－25厘米　翼展 / 44－60厘米　体重 / 55－121克
IUCN受胁等级 / 无危（LC）

外观： 比环颈鸻大，外观极似蒙古沙鸻。腿比蒙古沙鸻长，头大，喙长超过喙基至眼的距离并且喙端膨大较明显。上体褐色较浅。若将蒙古沙鸻上体褐色形容为湿土色，则铁嘴沙鸻的为干沙色。雄鸟繁殖羽也似蒙古沙鸻，但头至胸下色彩为暖橙色。胸带较窄且不延至胁部（我国无分布的 *columbinus* 亚种胸带略宽且延至胁部）。飞行时脚略伸出于尾后。

习性： 繁殖于草原、荒漠及戈壁。迁徙及越冬于河湖边滩、沿海滩涂及草地等。觅食步态似蒙古沙鸻，但更喜追逐其他猎物抢食。常集少数千的大群。通常集群数量不如蒙古沙鸻大，常与蒙古沙鸻混群，不易区分，记为"未识别沙鸻"即可。春季迁徙经我国东部沿海比蒙古沙鸻早，而秋季南迁也较早。

分类与分布： 世界范围内共有3个亚种。繁殖于红海、中亚至蒙古，越冬于非洲、亚洲南部至澳大利亚。其中指名亚种繁殖于西伯利亚南部、蒙古至我国新疆北部和内蒙古，迁徙经我国中东部大部至南方沿海、东南亚及澳大利亚越冬。*crassirostris*（或称*scythicus*）亚种繁殖于东至哈萨克斯坦东南部，越冬于印度西部至非洲。新疆西部的记录是否含此亚种有待确认。

参考文献： 1－29, 37

头大

21a 幼鸟－8月/江苏/鲍勃
①腿长、喙略长且先端膨大、头大
②年龄判断基于上体具清晰的宽的浅色羽缘，脸颊及胸带具皮黄色调

076

页眉：为鸟种的基本信息，包括中英文常用名及学名、量度值、受胁级别、简略的分布图等。少量未查到的量度值留白，读者若获得数据后可自行填写。

外观：提供了鸟种的基本外观尤其是在野外观察中有用的鉴别特征的描述，并在关键特征下加下划线。其中尽量避免了颜色的描述，除非颜色对辨识很重要，因为颜色在野外受光照条件影响极大。例如在光线由头顶近乎垂直的照向地面时，鸟的身体被照亮而易于判断色彩，但观察者常忽略的是鸟腿的部分或全部会完全处于身体的阴影中，因而对腿的实际颜色无法准确判断。如在此情况下小青脚鹬的腿的鲜艳黄色会呈灰绿色而更似青脚鹬。

习性：提供了其简单的习性介绍。对于野外鉴别有用的习性加下划线。

分类与分布：采用了主流的分类意见并介绍了一些较新的研究进展，为其可能出现的地区提供了线索。野外观察时需结合习性考虑其可能性。

参考文献：列出对该鸟种有参考价值的文献在附录中的编号。所参考的各地区性鸟类名录未列出。

图片：在图片的旁边提供了拍摄时间、拍摄地点、拍摄者、关键辨识信息的介绍，并相应的在图片中用指示线指出。图片尽量选择了国内拍摄的，若因图片征集原因而选用国外拍摄的，则尽量选择国内有分布的亚种。本书侧重于野外辨识，因而有些精彩的行为照片并未选用。读者可根据附录中摄影师们的个人网站获取更多图片。

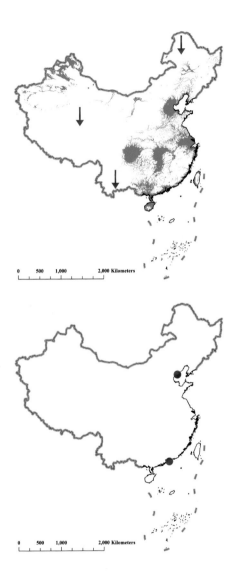

绿色块：根据1997年以来观鸟者提供的记录点，由物种分布模型模拟得到，并经过经验修正的物种分布范围。

红箭头：该物种于迁徙季节少量过境的趋势。

红圆点：该物种近20年以来正式发表过的记录点。这些记录点可能代表了该物种在中国境内仅有的已知分布点或距离传统分布范围十分遥远的分布点。

红问号：该物种年代久远的历史分布记录点或至今仍有可能存在的区域。

1 林三趾鹑

（línsānzhǐchún） Common Buttonquail *Turnix sylvaticus*

体长 / 13—16厘米 翼展 / 25—30厘米 体重 / 32—74克

IUCN受胁等级 / 无危（LC）

外观：体小、短胖、腿短、喙短似鹌鹑。羽色似黄脚三趾鹑，体型更小。上体栗色更多，翼覆羽缺少明显的黑色点斑。喙铅灰色。雄性体色比雌性略暗淡。飞行时轮廓似鹌鹑但翅更短圆。

习性：似黄脚三趾鹑但不做长距离迁徙。

分类与分布：通常认为世界范围内有9个亚种。分布于欧洲西南部、非洲及亚洲南部。其中*davidi*亚种分布于东南亚至我国南方，在广东、广西、海南及台湾为留鸟。

参考文献：1—29

1a 雌鸟－6月/
泰国/宋迎涛
①喙灰色
②体色较雄鸟
艳丽，栗色及
黑色较浓

1b 飞行－2月/
柬埔寨/Ulrich
Weber（丹麦）
①翼短圆
②色彩较淡，
可能是雄鸟

1c 雌鸟—7月/泰国/Suwanna Mookachonpan（泰国）

仅具前三趾

1d 雌鸟—7月/泰国/Suwanna Mookachonpan（泰国）

与1c为同一个体。翼短圆

2 黄脚三趾鹑

（huángjiǎosānzhǐchún） Yellow-legged Buttonquail *Turnix tanki*

体长 / 15—18厘米　翼展 /　厘米　体重 / 35—113克

IUCN受胁等级 / 无危（LC）

外观：体小、短胖、腿短、喙短似鹌鹑。仅具前三趾。体色比鹌鹑淡，胸暖橙黄色，胸侧具黑色点斑。翼上覆羽浅色并具黑色点斑。雌性色彩更艳丽，胸部橙黄色上延至后颈。飞行时轮廓似鹌鹑但翅更短圆，浅色翼覆羽与深色飞羽呈对比。

习性：栖于干燥或略湿的草地、农田等，比一般鸻鹬类更偏植食性。性隐蔽，威胁靠近至近距离时才惊飞。雌性鸣唱吸引多个雄性交配，雄性负责孵卵及育雏。

分类与分布：世界范围内共有2个亚种。分布于南亚、东南亚至东亚。其中*blanfordii*亚种繁殖于我国东北及邻近的俄罗斯和朝鲜半岛，繁殖或迁徙于除我国西北以外的大部，越冬于南方。留鸟于云南南部。

参考文献：1—29

翼覆羽黑色点斑面积较大

初级飞羽羽缘浅色与深色交错

2a 可能为幼鸟－10月/上海/翁发祥

①仅具前三趾。腿色暗淡，不具成鸟的明显黄色

②羽色似雄成鸟，橙黄色仅于胸部而不后颈

③翼覆羽排列整齐，无明显磨损，黑色点斑面积较大

④初级飞羽羽缘浅色与深色交错，不同于成鸟均一的浅色

⑤沿海迁徙过境时落于沥青铺筑的海堤

翼覆羽黑色点斑不显著

2b 雄鸟－10月/辽宁/孙晓明
①脚黄色鲜艳
②橙黄色仅于胸部而不于后颈
③翼覆羽明显磨损，显凌乱，黑色点斑不显著

后颈至上背橙色

2c 雌鸟－5月/北京/李继鹏
①喙黄色，脚黄色
②后颈至上背橙色，有别于雄鸟
③翼覆羽与上图个体相比明显较新

3 棕三趾鹑

（zōngsānzhǐchún） Barred Buttonquail *Turnix suscitator*

体长 / 14—17厘米　翼展 /　　厘米　体重 / 35—68克

IUCN受胁等级 / 无危（LC）

外观：似其他三趾鹑但铅灰色的喙较粗壮。腿灰色。喉、颈侧、胸至胁部具粗黑的横斑。雌性喉至上胸纯黑色。飞行时翼覆羽与飞羽的对比不如林三趾鹑及黄脚三趾鹑明显。

习性：似黄脚三趾鹑但不做长距离迁徙。

分类与分布：通常认为世界范围内有18个亚种。分布于亚洲南部。其中*blakistoni*亚种分布于东南亚及我国云南、贵州和南方沿海省份，部分做短距离迁徙。*rostratus*亚种为留鸟于台湾。

参考文献：1—29

3a 雄鸟－6月/台湾/杨桢淇

①喙灰色，腿灰色，具三趾

②颈侧至胸侧具横斑

颏至胸中央黑色

3b 雌鸟－6月/台湾/杨桢淇
颈侧至胸侧具横斑，颏至胸中央黑色

3c 雌鸟（前景）与雄鸟（背景）－6月/台湾/杨桢淇

3d 雌鸟（前景）与雄鸟（背景），与上图为同一对－6月/台湾/杨桢淇
雌鸟体型大于雄鸟

3e *blakistoni*亚种雄鸟－10月/香港/孔思义、黄亚萍
与*rostratus*亚种的区别主要在于胸侧的深色横斑延展至胸部中央

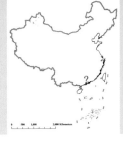

4 欧石鸻

（ōushíhéng） Eurasian Thick-knee *Burhinus oedicnemus*

体长 / 38—45厘米　翼展 / 76—88厘米　体重 / 290—535克

IUCN受胁等级 / 无危（LC）

外观：体型与蛎鹬及白腰杓鹬相仿。喙粗短、腿长、眼大因而轮廓似鸻。整体皮黄褐色并具黑色纵纹，能在周遭环境中很好的隐蔽。站立时黑色的初级飞羽不伸出于三级飞羽，但飞行时则可见其对比于翅的余部及上体，翼上黑色中具少量白色斑块。

习性：活动于具稀疏植被的开阔地带。白天多隐蔽休息，躲避干扰时慢走或小跑，身体低伏。夜晚活跃。飞行时振翅缓慢。

分类与分布：通常认为世界范围内有6个亚种。繁殖于欧洲南部至中亚，越冬于非洲，部分在欧洲南部至亚洲南部为留鸟。其中*harterti*亚种繁殖于我国新疆北部（有著者认为是指名亚种）及以西，越冬于非洲至亚洲西南部。*indicus*亚种有著者认为是一独立种，为留鸟于西藏东南部至南亚及东南亚。我国南方沿海的记录可能为此亚种，在季节性游荡中迷鸟至广东。

参考文献：1—29

4a 成鸟-5月/新疆/
沈越
①身体因警戒低伏，
后部轮廓极长
②眼大
③翼上黑白相间的条
带比幼鸟明显
④上体及下体纵纹比
幼鸟粗显

4b 成鸟-5月/新疆/
赵勃
①翼上黑色飞羽中具
一些白色图纹
②翼下白色，后缘
黑色
③腿长，但因尾也很
长，脚不伸出尾后

脚不伸出尾后

4c *indicus*亚种成鸟－5月/孟加拉/Sayam U. Chowdhury（孟加拉）

量度及鸣叫与其余亚种有差异，但外观差异不大

该亚种脚略伸出于尾后

4d *indicus*亚种成鸟－5月/孟加拉/Shahad Raju（孟加拉）

①量度值上该亚种尾较短而腿脚长，因而脚略伸出于尾后（但需注意尾羽磨损及换羽情况及个体差异）

②年龄判断基于外侧6枚初级飞羽为旧羽而内侧的还未生长完全

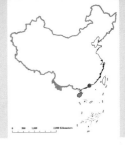

5 大石鸻

（dàshíhéng） Great Thick-knee *Esacus recurvirostris*

体长 / 41—54厘米　翼展 / 90—100厘米　体重 / 790克
IUCN受胁等级 / 近危（NT）

　　外观： 形态似欧石鸻但喙更长而粗壮。下喙前端上翘，喙形似匕首。上体色平淡，无欧石鸻般的粗黑纵纹。飞行时翼上图纹似欧石鸻。

　　习性： 活动于河流砾石滩、湖泊边，也至河口沙洲。常独处，偶集小群。夜晚活动较多，但也在白天觅食。不做长距离迁徙。

　　分类与分布： 单型种。分布于中东至南亚、东南亚。在我国越冬于云南西南部和南部及海南。迷鸟至香港。

　　参考文献： 1—29

5a 成鸟－1月/海南/吴崇汉
①略上翘的喙粗壮，基部黄色
②尾长于翼尖，但不如欧石鸻的长
③脸部黑白图纹显著
④上体平淡，无粗着的纵纹

（图中竖排文字）略上翘的喙粗壮

5b 成鸟－1月/孟加拉/Sayam U. Chowdhury（孟加拉）
①脚突出于尾后
②颈比欧石鸻细长
③浅色的中覆羽在翼上形成一条宽阔的翼带，飞羽及尾羽具黑白相间的图纹
④翼下似欧石鸻

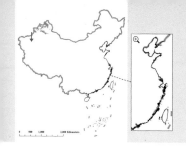

6 蛎鹬

（lìyù） Eurasian Oystercatcher *Haematopus ostralegus*
体长 / 40—48厘米　翼展 / 72—86厘米　体重 / 425—820克
IUCN受胁等级 / 近危（NT）

外观： 体型非常大而粗壮，主要为黑白两色。艳红色的长喙直而粗，腿也较粗而呈粉色。

习性： *longipes*亚种繁殖于砂石河滩，*osculans*亚种繁殖于沿海地带。越冬主要为沿海滩涂。迁徙及越冬时可集大群。觅食时步速较缓慢，将喙端插入泥下探寻或撬开贝类取食其肉。

分类与分布： 通常认为世界范围内共有4个亚种。其中*longipes*亚种繁殖于新疆，迁徙期有记录于西藏，于印度以西至东非越冬。*osculans*亚种有人视其为一独立种，称为"东亚蛎鹬"，则其为东亚地区特有，繁殖于俄罗斯堪察加至我国南方沿海，迁徙及越冬于我国东部及南部沿海、朝鲜半岛及日本，并于我国东南沿海有少量留鸟。其种群总数仅万余，主要越冬于朝鲜半岛和我国山东青岛至江苏南部，朝鲜半岛种群和我国种群均各占约一半。

参考文献： 1—29，31，32，75

6a *osculans*亚种幼鸟－8月/江苏/腾腾
①眼、喙及腿的色彩不如成鸟鲜艳
②上体偏褐色并具细小的浅色羽缘
③崭新的初级飞羽端部具狭窄白色

6b *osculans*亚种繁殖对（左雄右雌）—6月/江苏/李晶
①喙长通常长于西部的亚种
②雄性喙长通常短于雌性，但有重叠

第一冬羽上体黑色仍偏褐色

喉部不具明显的白色半领环

6c *osculans*亚种成鸟与第一冬羽—12月/江苏/腾腾
①与其他亚种相比，各羽色喉部不具明显的白色半领环，成鸟喙的色彩在冬季仍艳丽
②翼上白色带向最外侧几枚初级飞羽延伸较其他亚种少
③与已完成换羽的成鸟相比，第一冬羽的飞羽已略磨损而显褐色，上体黑色仍偏褐色，眼的颜色比图6a中的幼鸟鲜明但不似成鸟般艳红，喙的色彩仍较淡

6d *osculans*亚种成鸟（左）与第二夏羽（右）－8月/福建/林剑声

①成鸟喙、眼及腿的红色较鲜艳，右侧个体相应部位色彩略淡，可能已接近成年

②两只个体均在更替飞羽

上体略偏褐色

鼻沟长度超过喙长的一半

6e *longipes*亚种成鸟－5月/新疆/张国强

①上体比*osculans*亚种略偏褐色

②近距离时可见其鼻沟长度超过喙长的一半，有别于指名亚种而似*osculans*亚种

6f *longipes*亚种成鸟—6月/新疆/邢睿
翼上白色带向最外侧几枚初级飞羽延伸较多

喉部白色半
领环更明显

6g *longipes*亚种第一冬羽（左）与可能的*osculans*亚种成鸟（右）—1月/孟加拉/Sayam U. Chowdhury（孟加拉）
①*longipes*亚种幼羽/第一冬羽及成鸟冬羽喉部白色半领环更明显
②第一冬羽眼、喙及腿色彩暗淡，喙上尤其是近端部多灰黑色
③*osculans*亚种成鸟冬季无白色半领环，翼上白色带向最外侧几枚初级飞羽延伸较*longipes*亚种少

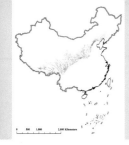

7 鹮嘴鹬

（huánzuǐyù） Ibisbill *Ibidorhyncha struthersii*
体长 / 39－41厘米 翼展 / 74厘米 体重 / 270－320克
IUCN受胁等级 / 无危（LC）

外观： 特征鲜明。红色的长喙下弯，腿略短，头颈灰色，顶冠、脸至喉部黑色。胸带黑色。
上体余部褐色，下体白色。飞行时初级飞羽与上体余部色彩对比不明显，内侧几枚基部白色，翼
下白色。

习性： 主要活动于溪流的砾石滩，也见于草滩。具垂直迁移习性。缓慢行走觅食。

分类与分布： 单型种。分布于中亚、南亚至我国北方。在我国分布于西部至华北及辽宁、河南。

参考文献： 1－29

7a 幼鸟－7月
/青海/董磊
①喙色近黑色
②眼先无黑色
③覆羽具浅色
羽缘

眼先无黑色

7b 繁殖羽－1
月/北京/张永
①羽毛整齐
②喙色彩鲜艳

喙基部白色斑驳

7c 非繁殖羽－1月/新疆/王尧天
①眼先黑色尤其是靠喙基部白色斑驳
②黑色胸带具白色羽缘
③喙色变暗

7d 繁殖后期－8月/四川/董磊
①体羽、飞羽磨损
②喙色变暗
③捕食蝌蚪

7e 成鸟－7月/青海/董江天
①初级飞羽至二级飞羽具白色带。在更替初级飞羽
②尾羽具横斑，末端及尾上覆羽黑色

7f 非繁殖期的小集群－1月/四川/董磊

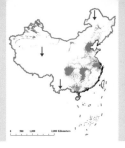

8 黑翅长脚鹬

（hēichìchángjiǎoyù） **Black-winged Stilt** *Himantopus himantopus*

体长 / 33—40厘米　翼展 / 67—83厘米　体重 / 137—289克
IUCN受胁等级 / 无危（LC）

　　外观：身形极高挑。红色的腿极长，喙细似针状。上体黑色，余部白色。头颈部具黑白两色但个体差异较大。飞行时腰至下背具白色楔形，长腿突出于尾后。

　　习性：繁殖于多草的湿地。迁徙及越冬于内陆及沿海的各种湿地，但极少至潮间带滩涂。觅食时因腿长而头部需下俯。主要于表面啄食。常集小至大群。

　　分类与分布：通常认为世界范围内共有5个亚种。繁殖于欧洲南部至东亚、东南亚、澳大利西亚、夏威夷及北美洲南部至南美洲。部分越冬于非洲及南美洲。其中指名亚种见于我国大部。主要繁殖于长江以北及青藏高原、西北等，越冬于南方。

　　参考文献：1—29

8a 幼鸟—8月/辽宁/张明

腿及喙基色彩比成鸟淡，上体褐色，羽缘浅色

雌性背部略偏褐色

8b 雄鸟（左）与雌鸟（右）—4月/辽宁/张明

①两性外观相似。雄性上体黑色反差不大；雌性背部略偏褐色，与黑色翼覆羽呈对比
②头及枕部黑色部分个体差异较大

翅后缘白色

8c 幼鸟－10月/浙江/戴美杰
幼鸟翅后缘白色

8d 第一夏羽－5月/福建/姜克红
①内侧5枚初级飞羽正在生长而外侧3枚还未脱落
②二级飞羽的白色后缘来自未脱落的幼羽

第一夏羽

8e 成鸟与第一夏羽飞行－4月/辽宁/张明
①飞行时红色的长腿远远拖于尾后，翼上及翼下均黑色
②雄鸟上体黑色无明显对比；雌鸟上体偏褐色
③第一夏羽翼具狭窄的白色后缘（注意其前景中的成鸟翼后缘无白色）

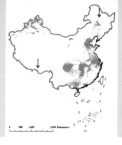

9 反嘴鹬

(fǎnzuǐyù)　Pied Avocet　*Recurvirostra avosetta*

体长 / 42－46厘米　翼展 / 67－80厘米　体重 / 225－397克

IUCN受胁等级 / 无危（LC）

外观： 体态高挑。腿长、颈长，长而细的喙在近端部上翘。身体大部白色，头上至颈后黑色。肩羽、腕斑及外侧初级飞羽黑色。飞行时铅灰色的长腿伸至尾后。

习性： 繁殖、迁徙及越冬于内陆及沿海湿地。迁徙及越冬时可集小群至上万的大群。觅食时头常左右摆动，喙端扫过水面取食。也常游泳，头没至水下觅食而尾部翘向空中。

分类与分布： 单型种。繁殖于西欧至东亚，越冬于非洲至亚洲南部。部分为留鸟或仅做短距离迁徙。在我国繁殖于长江中下游以北至西北，迁徙经包括青藏高原在内的大部，越冬于黄河流域以南至西藏南部。

参考文献： 1－29

深红色的虹膜

9a 雄鸟－5月/新疆/邢睿

①雌雄差别不大，喙形有个体差异因而不易准确判断性别

②深红色的虹膜表明其可能为雄性，而雌性虹膜则为褐色。此特征极难看清，且可能存在个体差异

9b 雌性育雏－6月/新疆/张国强

雌性在体羽的深色部分常呈暗褐色而非黑色，因此该个体可能是雌性

9c 成鸟-5月/新疆/邢睿
①颈长，腿长
②飞羽完整

幼鸟飞羽未开始换羽

9d 成鸟与幼鸟-7月/内蒙古/张明
①繁殖结束后成鸟在更替内侧初级飞羽
②幼鸟头部偏褐色，飞羽未开始换羽
③焦点外的半蹼鹬与鹤鹬着繁殖羽

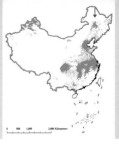

10 凤头麦鸡

（fēngtóumàijī） Northern Lapwing *Vanellus vanellus*

体长 / 28－31厘米　翼展 / 82－87厘米　体重 / 128－330克
IUCN受胁等级 / 近危（NT）

外观：比其他几种麦鸡腿短。上体为带金属光泽的深绿色。枕后具上翘的"小辫子"。胸带黑色。飞行时翅较其他麦鸡圆钝，翅尖及尾具少量白色。腿不伸出于尾后。翼下初级飞羽至二级飞羽黑色面积较大。

习性：似灰头麦鸡，但更常见于湿草地、湖床。叫声不如其尖利。迁徙及越冬时集小至大群。飞行时振翅较散漫，且有时左右晃动及上下起伏。

分类与分布：单型种。繁殖于欧洲至俄罗斯东部及我国北部，越冬于欧洲南部、非洲北部至亚洲南部。见于我国大部，繁殖于东北、青藏高原北部至新疆，越冬于西藏南部及长江流域以南。

参考文献：1－29

"小辫子"较短

10a 幼鸟－8月/挪威/Éric Roualet（挪威）
①顶冠褐色，"小辫子"较短
②上体金属光泽不如成鸟明显，皮黄色羽缘呈点状而有别于成鸟新鲜的非繁殖羽

10b 雄鸟繁殖羽－3月/辽宁/张明
①上翘的"小辫子"
②喉至胸黑色

10c 非繁殖羽－6月/江西/曲利明

① 喉部黑色消失

② 胸部黑色及上体均具浅色羽缘

③ "小辫子"略短

10d 雌鸟繁殖羽－7月/新疆/邢睿

① 似雄鸟但"小辫子"较短

② 喉胸部及头部黑色具斑驳白色

10e 雌鸟飞行－5月/新疆/邢睿

①身体轮廓短圆，颈短、翅圆钝

②腿短，不伸出于尾后

③性别判断同上

④翼尖白色。雌雄的翅式及P10的翼尖有差异但于野外不易看清

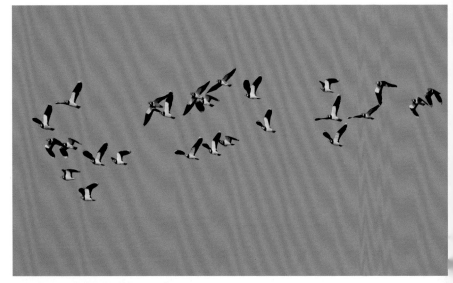

10f 小群体－1月/江西/王榄华

①翼上仅翼尖具些许白色

②群体飞行队形较散乱

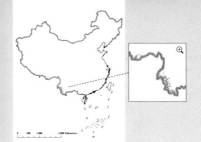

11 距翅麦鸡

（jùchìmàijī） **River Lapwing** *Vanellus duvaucelii*

体长 / 29－32厘米　翼展 / 62厘米　体重 / 143－185克

IUCN受胁等级 / 无危（LC）

外观： 灰黑色的腿短于灰头麦鸡，颈也短。上体灰褐色，头顶至喉黑色，胸带浅褐色。白色腹部中央有一小块黑斑。飞行时翼上图纹似灰头麦鸡，但白色面积较小。翼下则似凤头麦鸡。脚伸出于尾后。翼角有不明显的刺状突起。

习性： 栖居于河流。不做长距离迁徙。

分类与分布： 单型种。分布于南亚、东南亚及我国云南西部和西南部、西藏东南部和海南。

参考文献： 1－29

刺状突起

11a 成鸟－4月/
云南/肖克坚
①颈短粗
②黑色冠羽延至
枕，不如凤头麦
鸡的"小辫子"
长，但比其他麦
鸡显著
③翼角的距（刺
状突起）可见

刺状突起

11b 成鸟－4月/
云南/肖克坚
①脚伸出于尾后
②胸带灰褐色，
腹部斑块黑色
③翼角的距（刺
状突起）可见

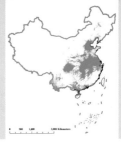

12 灰头麦鸡

（huītóumàijī） Grey-headed Lapwing *Vanellus cinereus*

体长 / 34—37厘米　翼展 / 75厘米　体重 / 236—296克

IUCN受胁等级 / 无危（LC）

外观：腿长、颈长，站姿高挑。上体浅褐色，头颈灰色，胸带黑色。飞行时翼内侧、腹部及尾白色，与黑色的初级飞羽及尾次端呈对比。黄色长脚伸出于尾后。

习性：喜好干燥或潮湿的草地、农耕地等，越冬时也见于河边。非常喧闹，常飞至空中大叫警告入侵者，并会杀死同域繁殖的其他种类的雏鸟。迁徙及越冬时集小群。

分类与分布：单型种。主要繁殖于日本及我国中东部长江流域以北，不见于新疆及青藏高原大部。迁徙时见于我国大部，越冬于南方沿海省份、云南西北部至南亚及东南亚。

参考文献：1—29

上喙基部无黄色肉垂

成鸟胸带明显

12a 成鸟与幼鸟－11月/江西/曲利明
①幼鸟似成鸟但覆羽具浅色羽缘，胸带无或不明显。眼先至上喙基部无成鸟的黄色肉垂
②焦点外的成鸟胸带明显

12b 成鸟－6月/内蒙古/张明
①艳黄色的长腿
②褐色及黑色胸带

12c 飞行－5月/江西/王榄华
①脚伸出于尾后
②翼上白色面积较大

13 肉垂麦鸡

（ròuchuímàijī） Red-wattled Lapwing *Vanellus indicus*

体长 / 32—35厘米 翼展 / 80—81厘米 体重 / 110—230克
IUCN受胁等级 / 无危（LC）

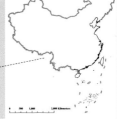

外观：腿长、颈长而轮廓似灰头麦鸡。上体及腿色似灰头麦鸡。头至胸黑色。眼先裸皮，喙基部红色。脸颊白色。飞行时翼上及翼下图纹似距翅麦鸡，脚伸出于尾后。

习性：河流及湖泊边缘、池沼、农耕地及草地。不做长距离迁徙。

分类与分布：世界范围内共有4个亚种。分布于中东至东南亚。其中*atronuchlis*亚种分布于南亚、东南亚及我国云南。指名亚种分布于南亚，于新疆塔什库尔干有一迷鸟记录。

参考文献：1—29, 33

眼先红色肉垂

13a *atronuchlis*
亚种成鸟—2月
/云南/张明
①黄色的腿长
②眼后白斑
③眼先具红色
肉垂

翼覆羽具浅色羽缘

13b *atronuchlis*
亚种第一冬
羽—12月/云南
/杨华
①喙、腿的颜
色不如成鸟鲜
艳，眼先不具
明显红色肉垂
②翼覆羽仍部
分具幼羽的浅
色羽缘，而换
羽后的背及肩
羽等已似成鸟
③胸部色淡

13c *atronuchlis*亚种成鸟－2月/云南/张明
①腿明显伸出尾后
②翼上白色面积不如其他几种麦鸡的大，不延至翼角

13d 指名亚种成鸟－12月/印度/Coke & Som Smith（泰国）
与*atronuchlis*亚种区别在于眼后白斑向下与颈至胸侧白色相连

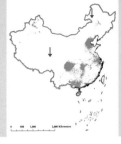

14 金斑鸻

（jīnbānhéng） Pacific Golden Plover *Pluvialis fulva*

体长 / 23—26厘米　翼展 / 54—67厘米　体重 / 100—200克
IUCN受胁等级 / 无危（LC）

　　外观：似灰斑鸻但体型较小。腿长、喙细小、颈长而头小，轮廓较纤细而高挑。羽色似灰斑鸻但具较明显的黄色斑。飞行时脚略伸出于尾后。腰无白色，翼下覆羽及腋羽均为灰褐色。

　　习性：繁殖于苔原。迁徙及越冬于草地、农耕地及各种内陆及沿海湿地。集小至大群，但群体数量通常不如灰斑鸻大。

　　分类与分布：单型种。繁殖于西伯利亚西部至阿拉斯加西部。越冬于东非至大洋洲，少量于北美洲西海岸。迁徙时见于我国大部，越冬于云南及南方沿海省份。

　　参考文献：1—29

初级飞羽通常有3枚伸出于三级飞羽之后

14a 幼鸟－9月/新疆/邢睿
①胸口具较清晰的褐色点斑，延至胁部则变为褐色横斑
②上体羽毛较小，排列整齐；肩羽中央深色延至端部而两侧具金黄色斑
③崭新的初级飞羽黑色而端部具白色边缘，通常有3枚伸出于三级飞羽之后

14b 幼鸟－10月/新疆/张国强

①在向第一冬羽转变，肩羽等已变得松散而凌乱

②三级飞羽由于换羽或其他原因部分或全部脱落，因而有5-6枚初级飞羽露出。我国无分布的外观相似的美洲金鸻的初级飞羽通常有4枚伸出于三级飞羽之后。应用此特征辨识时需十分小心，注意三级飞羽的情况

胸下坠较不明显

14c 美洲金鸻幼鸟－9月/加拿大/Colin Bradshaw（英国）

①与金斑鸻幼鸟区分时，除较长的初级飞羽外，还应注意其整体偏灰褐色

②眉纹比金斑鸻更清晰，胸口点斑较稀疏

③两者在一起时可见一些形态上的细微差异，如：比金斑鸻喙细小，头小，腿短而胸下坠较不明显

14d 幼鸟，与灰斑鸻幼鸟（左）及泽鹬（右）—10月/江苏/韩永祥
①体型比灰斑鸻纤细，头小、颈细、喙细小
②上体黄色更艳丽

14e 雄鸟繁殖羽—5月/北京/沈越
①额至胸侧的白色带延至胁部
②下体及脸部黑色比雌鸟纯

腋羽褐色

暂停换羽

14f 迁徙中的小群成鸟－8月/新疆/邢睿

①具不同程度的暂停换羽，内侧数枚初级飞羽已更替为新羽，而外侧旧羽未脱落，待抵达越冬地后再继续更替

②脸至胸腹部仅残余些许黑色

③脚略伸出于尾后

④腋羽褐色

14g 非繁殖羽－11月/广西/唐上波

与幼鸟相似，但下体斑纹较模糊，上体旧羽磨损明显

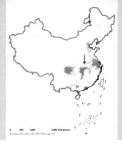

15 灰斑鸻

（huībānhéng） Grey Plover *Pluvialis squatarola*

体长 / 27－31厘米　翼展 / 71－83厘米　体重 / 105－395克
IUCN受胁等级 / 无危（LC）

外观：体型最大的鸻，形似麦鸡及体型较小的几种金斑鸻。腿长中等、颈粗、头大，喙比几种金斑鸻粗壮。繁殖羽基本为黑白相间。上体黑白斑块状。眉纹至胸侧白色而脸至腹部中央黑色。非繁殖羽上体灰褐色，不具金斑鸻的亮黄色。具后趾，此特征似麦鸡而不同于*Pluvialis*（斑鸻）及*Charadrius*（鸻）属的其他种类。飞行时翼上白色带似金斑鸻但腰白色、腋羽黑色。脚不伸出于尾后。

习性：繁殖于苔原。迁徙时见于草地、湖泊、滩涂等，在沿海地带比金斑鸻更偏好潮间带滩涂。越冬时少量于内陆，大量于沿海潮间带滩涂。觅食步态缓慢，较少奔跑。奔跑时则常追逐其他鸻鹬抢夺食物。在沿海常集小群至数千的大群。高潮栖息时常与螣鹬、大滨鹬、青脚鹬等混群。

分类与分布：世界范围内共有3个亚种，见于除南极洲外的各个大陆。繁殖于欧亚大陆至北美洲的高纬度地带，越冬于欧亚大陆、北美洲及以南。其中指名亚种繁殖于欧亚大陆及阿拉斯加（不含俄罗斯弗兰格尔岛），越冬于欧亚大陆、非洲及澳大利西亚。在我国迁徙经过青藏高原外的大部，越冬于长江中下游以南及沿海省份，北可至山东。*tomkovchi*业种繁殖于弗兰格尔岛，迁徙经东亚，可能越冬于东亚至澳大利西亚。澳大利亚南部卫星跟踪的两只雌鸟迁徙时经我国东部沿海至弗兰格尔岛繁殖。

参考文献：1－29,34

15a 幼鸟－10月/黑龙江/沈越
①整体灰褐色为主
②喙较短粗
③年龄判断基于胸口的细纵纹，上体羽毛深色为主而羽缘具较宽的浅色点斑（更年轻的个体浅色点斑带黄色调但不似金斑鸻般金黄）

15b 非繁殖羽－4月/辽宁/张明
①灰褐色调似幼鸟
②胸口无清晰的纵纹，上体羽毛较幼鸟色淡

5c 非繁殖羽与小青脚鹬（右）－10月/江苏/腾腾
①个体之间在飞羽的换羽进度上略有差异
②腿长似小青脚鹬，脚基本不伸出于尾后

头部较白

黑色腋羽

15d 雄鸟繁殖羽-5月/辽宁/张明
①黑白分明
②各羽色均具黑色腋羽
③性别判断基于脸至腹部的黑色较纯，上体例如头部较白

第一夏羽

雌鸟头至背部多褐色

15e 雄鸟、雌鸟（右）与第一夏羽（如左下）-4月/江苏/刘兵
①雌鸟繁殖羽头至背部多褐色，3只第一夏羽个体基本似非繁殖羽
②涨潮时与斑尾塍鹬、大滨鹬、蒙古沙鸻、翘嘴鹬、三趾滨鹬、黑腹滨鹬等混群

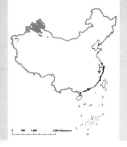

16 剑鸻

（jiànhéng） Common Ringed Plover *Charadrius hiaticula*

体长 / 18—20厘米　翼展 / 35—57厘米　体重 / 39—84克

IUCN受胁等级 / 无危（LC）

外观：比金眶鸻和环颈鸻略大。腿短、颈短，身材矮胖。喙也短钝。胸带比金眶鸻宽，不具金眶鸻般显著的黄色眼圈。繁殖羽时喙基橙色，白色眉纹粗且不上延至顶冠前方。飞行时翼上白色带较显著。

习性：繁殖于河湖海边的沙地、砾石地及高纬度的苔原。迁徙及越冬于内陆及沿海湿地。有时集小群。

分类与分布：通常认为世界范围内共有2个亚种。主要繁殖于加拿大东北部、格陵兰岛及欧亚大陆北部，越冬于欧洲西部、非洲及亚洲西南部。其中*tundrae*亚种迁徙经我国北部至西部。因其越冬地偏西而在我国中东部罕见，主要见于迁徙期。但在江苏、上海、台湾等地有少量越冬记录。

参考文献：1—29

喙短

6a 幼鸟－9月/新疆/文志敏

）似成鸟非繁殖羽，喙短、颈短、尾长，但腿色不如成鸟鲜艳

）褐色胸带及褐色上体具细小的浅色羽缘，整体略呈鳞片状

）各羽色均不具金眶鸻般明显的"金眼眶"

与环颈鸻相比上
体褐色深

带黑色且较宽

16b 非繁殖羽与环颈鸻（前景）—1月/上海/叶海江
①与环颈鸻相比喙短粗，上体褐色深
②腿橙色
③胸带黑色且较宽

喙基部橙色，端部黑色

16c 雄鸟与环颈鸻（背景）—5月/新疆/张明
①比环颈鸻略大
②喙基部橙色，端部黑色
③白色眉纹似长嘴剑鸻

16d 雄鸟－5月/新疆/孙晓明

①雌鸟的黑色部分较淡

②雄鸟繁殖期略有黄色眼圈，但此图及上图中还未明显呈现

③胸带宽度有个体差异

16e 成鸟－5月/芬兰/Jyrki Normaja（芬兰）

飞行时翼上白色带较显著

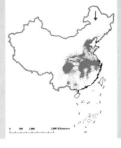

17 长嘴剑鸻

(chángzuǐjiànhéng) Long-billed Plover *Charadrius placidus*
体长 / 19—21厘米　翼展 / 45厘米　体重 / 41—70克
IUCN受胁等级 / 无危（LC）

外观：比剑鸻略大。腿长，身体后部轮廓较长而似金眶鸻，但头大，喙更长而尖细。白色领环下胸带较窄，眼圈不如金眶鸻显著。眉纹限于眼上方及眼后而似剑鸻。繁殖羽时脸颊不黑。飞行时翼上白色带不明显。

习性：繁殖于多砾石的河湖，迁徙及越冬时也见于农田、泥滩等。通常独处或成对活动。

分类与分布：单型种。繁殖于俄罗斯远东地区、日本至我国北方，越冬于我国南方至南亚、东南亚。在我国主要繁殖于东北、华北至长江中下游地区。部分种群为留鸟或仅做短距离迁徙，部分种群南迁。

参考文献：1—29

17a 幼鸟－9月/浙江/钱斌
①形态似放大版的金眶鸻，腿长、喙尖细
②年龄判断基于上体狭窄的皮黄色羽缘。眼圈缺乏金眶鸻幼鸟般的显著黄色

眼圈缺乏显著黄色

具黄色眼圈

17b 成鸟－3月/北京/沈越
①头大。脖子缩起来时身体轮廓似环颈鸻但尾长
②腿长、喙尖细
③具黄色眼圈。黑色胸带窄，下方中央白色而侧面褐色

尾长

17c 非繁殖羽－11月/北京/刘勤
①飞行时尾长，翼上白色带略显著
②脸部黑色图纹较淡。此羽色较难判断年龄

17d 成鸟－2月/北京/万绍平
飞行时各特征似金眶鸻，注意其个体较大

18 金眶鸻

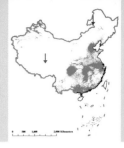

（jīnkuànghéng） Little Ringed Plover *Charadrius dubius*

体长 / 14—17厘米　翼展 / 42—48厘米　体重 / 26—53克
IUCN受胁等级 / 无危（LC）

外观：我国体型最小的鸻之一。头小，喙尖细。喉部白色延至颈后形成领环，领环后有一黑色带至胸前。黑色眼罩上方狭窄白色带将其与顶冠分隔开。金黄色的眼圈比其他外观相似类似的鸻更显著。非繁殖羽时这些特征变暗淡但眼圈仍比其他类似的鸻明显。飞行时上体无明显的图纹。

习性：内陆及沿海的各种湿地，但极少至潮间带滩涂。独行或集小群。

分类与分布：世界范围内共有3个亚种。繁殖于古北界至亚洲南部，越冬于非洲至亚洲南部。其中*curonicus*亚种繁殖于欧亚大陆。在我国繁殖于除西南以外的大部，越冬于南方沿海省份及以南。*jerdoni*亚种为留鸟及夏候鸟于西藏南部、四川南部、云南、贵州等，越冬于广西及以南。

参考文献：1—29, 35

眼圈较其他相似种类黄

喙细小

18a *curonicus*亚种幼鸟—6月/上海/胡振宏
①腿长、尾长、喙细小
②年龄判断基于肩背部具细小的浅色羽缘，深色次端斑及羽轴形成锚状斑纹；排列整齐的翼覆羽图纹类似但羽缘更宽
③眼圈较其他相似种类黄

18b *curonicus*亚种第一冬羽－11月/福建/曲利明

似成鸟非繁殖羽，保留的仍具浅色羽缘的翼覆羽与已更替的肩羽呈对比

金黄色眼圈鲜艳

18c *curonicus*亚种繁殖羽雄鸟（左）与雌鸟（右）－4月/新疆/邢睿

①繁殖羽时的金黄色眼圈比其他类似的鸻鲜艳

②雌鸟脸及胸口的黑色不如雄鸟纯，夹杂褐色

18d *jerdoni*亚种（依据分布推测）－2月/云南/韦铭
此亚种全年羽色变化不大，腿色比*curonicus*亚种繁殖羽的暗淡

18e 成鸟－3月/北京/徐永春
飞行时特征似长嘴剑鸻，如翼上无明显白色翼带，最好以体型大小及叫声区分

19 环颈鸻

（huánjǐnghéng） Kentish Plover *Charadrius alexandrinus*

体长 / 15—18厘米　翼展 / 42—45厘米　体重 / 32—56克

IUCN受胁等级 / 无危（LC）

外观： 体型略大于金眶鸻，头大、颈短、腿略短，站姿较低矮。喙略长。胸带不完整，至胸前断开。眼罩不延于眼的前上方，因而浅色眉纹与白色前额贯通。无金眶鸻的明显黄色眼圈。腿色不及金眶鸻鲜艳。繁殖羽顶冠浅栗色，雄性额黑色。飞行时翼上白带明显，腰至尾两侧白色。与沙鸻混群时需注意其较小的体型及白色的领环。

习性： 繁殖于干燥的沙质或砾石表面，迁徙及越冬于各种湿地，常集小至上万的大群于潮间带滩涂。常与沙鸻混群而不易区分，记为"未识别小型鸻"即可。觅食时比金眶鸻跑动迅速而积极，小跑后停下片刻，又继续跑动。

分类与分布： 分类争议较大，有多个亚种或为独立种。其中指名亚种繁殖于欧洲至东亚，越冬于非洲至亚洲南部。在我国繁殖于新疆、青藏高原北部至长江流域以北，迁徙经大部，越冬于青藏高原南部至长江流域以南，为我国最常见的鸻鹬类之一。*dealbatus*亚种基本为留鸟于我国南方沿海至东南亚，有著者认为其为独立种，称为"白脸鸻"。*nihonensis*亚种分布于包括台湾在内的东亚，有效性待确认。

参考文献： 1—29, 36

19a 幼鸟－7月/上海/章麟

①头大、颈短

②年龄判断基于上体清晰的浅色羽缘，脸部及胸侧斑块具皮黄色

③各亚种幼鸟难辨

枕部白色领环之上栗色

19b 指名亚种雄鸟繁殖羽－7月/辽宁/张明

胸侧、眼线及额部黑色，枕部白色领环之上栗色

额部黑斑不如雄鸟显著

19c 指名亚种雌鸟繁殖羽－5月/新疆/邢睿
胸侧、眼线等处多浅橙色，额部黑斑不如雄鸟显著

腰至尾羽两侧白色

19d 指名亚种雄鸟繁殖羽－3月/江苏/腾腾
飞行时翼上具白色翼带，腰至尾羽两侧白色

19e 指名亚种非繁殖羽－4月/江苏/腾腾
①似雌鸟繁殖羽，但胸带及头部褐色，几乎无暖橙色或栗色
②额部黑色带略显，可能为雌性或第一夏羽

喙略长而喙端略厚重

过眼线并非很白

19f *dealbatus*亚种雄鸟繁殖羽－4月/福建/江航东
①与指名亚种主要区别为上体褐色较浅、腿略长而色浅、喙略长而喙端略厚重
②虽名为"白脸鸻"，但有时过眼线并非很白

19g *dealbatus*亚种雌鸟繁殖羽与雏鸟－4月/福建/江航东

额及眼先较白，"白脸"的特征更显著

顶冠色浅

脸更白

19h *dealbatus*亚种雄鸟繁殖羽－6月/福建/江航东

①一只脸更白的个体。顶冠色浅，可能为第一夏羽

②多认为比指名亚种翼上白色带及尾两侧白色更显著，但在此照片中并不明显

19i *dealbatus*亚种雄鸟繁殖羽与指名亚种雄鸟繁殖羽（左）－3月/泰国/Smith Sutibut（泰国）
①上体褐色、顶冠栗色及过眼线的黑色均比指名亚种浅
②环志于泰国本地

19j *dealbatus*亚种雄鸟非繁殖羽－12月/泰国/Smith Sutibut（泰国）
与图19i为同一环志个体

剑鸻/孙晓明

喙短

长嘴剑鸻/沈越

喙较长

金眶鸻/韦铭

金色眼圈明显

环颈鸻/张明

黑色领环开口

20 蒙古沙鸻

（měnggǔshāhéng） Lesser Sand Plover *Charadrius mongolus*

体长 / 18—21厘米　翼展 / 45—58厘米　体重 / 39—110克

IUCN受胁等级 / 无危（LC）

外观： 比环颈鸻体型大，腿长、颈略长、喙粗壮。与铁嘴沙鸻非常相似，无环颈鸻般的白色领环。腿比铁嘴沙鸻短，头小，整体略小。喙长等于或小于喙基至眼的距离，喙端膨大部分不如铁嘴沙鸻长因而喙端显钝。上体褐色暗于铁嘴沙鸻。雄性繁殖羽眼罩变黑色，头至胸带变为栗色。其栗色浓于铁嘴沙鸻，且胸带较宽并延至胁部。注意西部的亚种喙比东部的亚种长，胸部栗色略淡且向后延展较少，与铁嘴沙鸻更似。

习性： 繁殖于苔原及高海拔山地草原。西部亚种迁徙飞越内陆高山，东部亚种迁徙经内陆及沿海，越冬于沿海。觅食步态不如环颈鸻急。常集小至数千的大群。

分类与分布： 世界范围内共有5个亚种。有著者将西部3个亚种与东部2个亚种分为独立的2个种。西部亚种中*pamirensis*亚种繁殖于中亚至新疆西部，越冬于非洲至南亚；*atrifrons*亚种繁殖于青藏高原南部，越冬于南亚至印度尼西亚；*schaeferi*亚种繁殖于新疆至青藏高原东部，越冬于东南亚。东部亚种中指名亚种繁殖于俄罗斯东部内陆，迁徙经我国东部，越冬于东亚南部至澳大利西亚；*stegmanni*亚种繁殖于俄罗斯东部沿海，越冬于中国台湾至澳大利亚。该亚种最初被描述于科曼多尔群岛，而此种群可能为一新亚种。

参考文献： 1—29，37

喙端较环颈鸻膨大

○a 幼鸟与环颈鸻（背景）－9月/四川/董磊
○各羽色上体均褐色
○年龄判断基于上体羽毛具崭新的清晰的边缘，初级飞羽为深色的新羽且端部白色，胸侧褐色沾皮黄色调
○幼鸟有些个体枕部色浅，形成类似环颈鸻的白色领环，需注意其他差别如体型比环颈鸻略大，喙比环颈鸻粗
；尤其是喙端较膨大

20b 非繁殖羽－12月/广东/Jonathan Martinez（法国）

①各亚种差别细微，仅于繁殖羽（尤其是雄性）时可能可以分辨

②上体比幼鸟褐色更深，浅色羽缘不显著，胸带明显，枕部至背部褐色连贯而无白色领环

额部白色面积大

胸口的深栗色范围大

20c 指名亚种（依据分布推测）雄鸟－5月/辽宁/张明

①指名亚种的喙最短

②雄性胸口的深栗色范围大，延至两胁及枕部，栗色与白色喉部间具狭窄的黑色边缘，眼的前上方也具栗色

③额部白色面积大且中央有一竖直黑线

胸带常较雄
鸟窄而色淡

20d 指名亚种（依据分布推测）雌鸟－5月/辽宁/张明
①跑动时颈部收缩而使轮廓似环颈鸻
②雌鸟的栗色胸带常较雄鸟窄而色淡，脸部黑色部分褐色调较浓
③腿上上白下蓝的无编码旗标表明其2006年或之前被环志于台湾

磨损了的旧羽

深灰褐色的新羽

0e 指名亚种（依据分布推测）雄鸟－9月/江苏/腾腾
喙端部膨大明显
正在逐渐褪去繁殖羽，上体磨损了的旧羽呈褐色，与刚生出的深灰褐色的新羽呈对比

20f *stegmanni*亚种雄鸟（背景）、雌鸟与雏鸟－6月/俄罗斯/Yuri Artukhin（俄罗斯）

①亚种判断基于其繁殖地科曼多尔群岛

②外观与指名亚种无显著差异，喙仅比指名亚种略长

额部白色很少或缺失

胸部亮橙色较少延至胁部

喙略长

胸部上缘完全无黑色

20g *pamirensis*（依据分布推测）亚种雄鸟－7月/新疆/陈丽

①与东部2个亚种相比，额部白色很少或缺失，胸部亮橙色较少延至胁部且与喉部白色间黑色边缘缺失或不明显

②与西部另外2个亚种相比，额部白色则常较显著

③西部3个亚种的喙通常比东部2个亚种略长

20h *schaeferi*亚种（依据分布推测）－7月/青海/邢睿

①与*pamirensis*亚种相似但胸部栗色略淡且上缘完全无黑色

②喙略长，其长度常与喙基至眼后缘的距离相当，而易与某些铁嘴沙鸻相混淆

20i *atrifrons*或*schaeferi*亚种（依据分布推测）　与小滨鹬（前景）－5月/云南/韦铭

①左侧个体为已着完全繁殖羽的雄性，额部几乎无白色，不同于东部的亚种；胸部栗色处于阴影中，因而实际颜色可能为似西部亚种的暖橙色，上缘具狭窄黑色却又似东部亚种

②右侧个体基本无繁殖羽，可能为雌鸟或第一夏羽，亚种无法判断，但可能与左侧个体相同

翼上白色
带较窄

头小、喙略短小

0j 指名亚种成鸟（依据分布推测）与铁嘴沙鸻（上方偏左两只）及阔嘴鹬（右下）－8月/江苏/腾腾

)体型略小于铁嘴沙鸻，头小、喙略短小，脚突出于尾后略不如铁嘴沙鸻明显

)体色暗于铁嘴沙鸻，翼上白色带较窄

)已失去鲜明的繁殖羽而更似非繁殖羽。左下角的个体已开始更替内侧初级飞羽，而右侧两只则还未开始

21 铁嘴沙鸻

（tiězuǐshāhéng） **Greater Sand Plover** *Charadrius leschenaultii*
体长 / 19—25厘米 翼展 / 44—60厘米 体重 / 55—121克
IUCN受胁等级 / 无危（LC）

外观： 比环颈鸻大，外观极似蒙古沙鸻。腿比蒙古沙鸻长，头大，喙长超过喙基至眼的距离并且喙端膨大较明显。上体褐色较浅。若将蒙古沙鸻上体褐色形容为湿土色，则铁嘴沙鸻的为干沙色。雄性繁殖羽也似蒙古沙鸻，但头至胸带色彩为暖橙色。胸带较窄且不延至胁部（我国无分布的 *columbinus* 亚种胸带略宽且至胁部）。飞行时脚略伸出于尾后。

习性： 繁殖于草原、荒漠及戈壁。迁徙及越冬于河湖边滩、沿海滩涂及草地等。觅食步态似蒙古沙鸻，但更喜追逐其他鸻鹬抢食。常集小至数千的大群。通常集群数量不如蒙古沙鸻大，常与蒙古沙鸻混群，不易区分，记为"未识别沙鸻"即可。春季迁徙经我国东部沿海比蒙古沙鸻早，而秋季南迁也较早。

分类与分布： 世界范围内共有3个亚种。繁殖于红海、中亚至蒙古，越冬于非洲、亚洲南部至澳大利亚。其中指名亚种繁殖于西伯利亚南部、蒙古至我国新疆北部和内蒙古，迁徙经我国中东部大部至南方沿海、东南亚及澳大利亚越冬。*crassirostris*（或称*scythicus*）亚种繁殖于东至哈萨克斯坦东南部，越冬于印度西部至非洲。新疆西部的记录是否含此亚种有待确认。

参考文献： 1—29, 37

头大

21a 幼鸟－8月/江苏/鲍勃
①腿长、喙略长且先端膨大，头大
②年龄判断基于上体具清晰的宽的浅色羽缘，脸部及胸带具皮黄色调

21b 幼鸟—8月/江苏/腾腾
①一只喙看上去更长的个体
②顶冠羽毛未耸起因而相对头部来说眼显得更大

上体褐色淡于
蒙古沙鸻

1c 非繁殖羽与蒙古沙鸻（中央偏左）—9月/江苏/腾腾
〉体型略大于蒙古沙鸻，腿长、喙长、头大
〉上体褐色淡于蒙古沙鸻，腿色通常较蒙古沙鸻浅但需注意个体差异
〉秋季迁徙及体羽换羽较早，因而已着非繁殖羽而蒙古沙鸻仍着相当的繁殖羽

21d 繁殖羽与环颈鸻雄鸟（左）－5月/福建/Jonathan Martinez（法国）
①体型大于环颈鸻，颈长、腿长、喙粗壮
②上体褐色淡于环颈鸻
③未着完全繁殖羽的个体额部白色较少

额部白色明显

21e 雄鸟－5月/内蒙古/张明
繁殖个体，额部白色明显

21f 雌鸟—5月/内蒙古/张明

①与图21e雄鸟为一个繁殖对

②雌鸟的胸带及脸部图纹均较雄鸟淡，此个体则极其平淡，与非繁殖羽差异不大

1g 飞行—4月/江苏/腾腾

春季迁徙较蒙古沙鸻早，相当多个体已着繁殖羽，而另一些个体仍着非繁殖羽

22 东方鸻

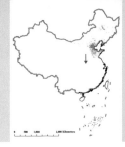

（dōngfānghéng） Oriental Plover *Charadrius veredus*
体长 / 22—25厘米　翼展 / 46—53厘米　体重 / 95克
IUCN受胁等级 / 无危（LC）

　　外观：似沙鸻及红胸鸻，比红胸鸻略大。腿更长，站姿更高挑。喙尖细，先端不如沙鸻膨大。繁殖羽似红胸鸻，但雄性栗色胸带下方的黑色带更宽，近乎整个头颈部白色。雌性眼线以下浅褐色与颈及胸带无明显边界，因而显得不如红胸鸻脸白。飞行时特征似红胸鸻但翼上无白色带，翼下覆羽褐色。

　　习性：繁殖于草原及戈壁。迁徙及越冬于草地、农耕地等，偶至滩涂。常集小群。春季迁徙较早。

　　分类与分布：单型种。繁殖于西伯利亚南部、蒙古及我国内蒙古和东北。迁徙经我国中东部至澳大利亚。

　　参考文献：1—29, 38

22a 幼鸟－9月/浙江/吴志华
①上体羽毛较小，具清晰的浅色羽缘，翼覆羽排列整齐
②胸部仅具淡淡的皮黄色

22b 雌鸟－6月/内蒙古/张明
①典型的姿态，腿长、颈长
②似非繁殖羽，仅胸口具淡淡的栗色

胸部下边缘具黑色带

22c 雄鸟－6月/内蒙古/张明
①颈部缩起来时显得头大而方
②胸部栗色下边缘具宽而清晰的黑色带

22d 雄鸟－4月/北京/张永

雄鸟繁殖羽顶冠色彩有个体差异，有的较暗如此个体，有的较白如图22c

22e 非繁殖羽－4月/福建/姜克红

似雌鸟繁殖羽。已开始向繁殖羽转变，左侧个体的胸部色彩显示其为雄性

翼上白带几乎没有

22f 雄鸟－3月/北京/徐永春
①形态似红胸鸻，脚突出于尾后
②翼上白带几乎没有，不如红胸鸻显著

翼下覆羽及腋羽褐色

2g 雄鸟－3月/北京/徐永春
翼下覆羽及腋羽褐色，不似红胸鸻显白

23 小嘴鸻

（xiǎozuǐhéng） Eurasian Dotterel *Charadrius morinellus*
体长 / 20—22厘米　翼展 / 57—64厘米　体重 / 86—142克
IUCN受胁等级 / 无危（LC）

外观：形态似金斑鸻及东方鸻，但腿及颈较短，身体矮胖，喙略短小。白色或皮黄色的眉纹粗显，两道眉纹相连于枕后，从后方看呈"V"字形。繁殖羽上体褐色变为具浓重灰色调，顶冠变黑色，上胸的白色带变宽，向下为栗色，至腹部中央变为黑色。飞行时脚不伸出尾后。上体无明显图纹，仅最外侧飞羽的羽轴白色。

习性：繁殖于山地及苔原。迁徙及越冬于草地及农耕地。可集小群。

分类与分布：单型种。繁殖于欧亚大陆北部及西伯利亚南部至蒙古、哈萨克斯坦，越冬于非洲至中东。在我国繁殖于新疆北部，迁徙时偶见于黑龙江和内蒙古北部。

参考文献：1—29

上胸具浅色胸带

23a 幼鸟－7月/新疆/邢睿
①形态上与金斑鸻不同，腿较短，颈短粗
②上体深色羽毛具清晰的皮黄色羽缘，不具金斑鸻的金黄色调
③胸部皮黄色，具深色细纵纹，腹部皮黄色，上胸具类似成鸟非繁殖羽的浅色胸带

23b 雌鸟－7月/新疆/王尧天
顶冠的黑色、脸部的白色、上胸的灰色及下胸至腹部的栗色与黑色斑皆色纯

两道白眉纹在枕部相连

3c 幼鸟与雄鸟（右）－7月/新疆/邢睿
雄鸟繁殖羽通常比雌鸟略暗淡，如顶冠多浅色纵纹、脸颊至上胸多纵纹、下胸至腹部色淡且斑驳。有些雄鸟
彩较艳丽而似雌鸟，需在同一个繁殖对中进行对比才可辨
两道白眉纹在枕部相连

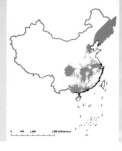

24 彩鹬

（cǎiyù） Greater Painted Snipe *Rostratula benghalensis*
体长 / 23—28厘米　翼展 / 50—55厘米　体重 / 90—200克
IUCN受胁等级 / 无危（LC）

外观：似沙锥但喙略下弯，且雌雄羽色有明显差异。雌性上体深褐色，头颈深栗色，白色眼圈延至眼后，白色"肩带"由下体上延至背部并变为浅褐色。雄性体羽图纹似雌性但更暗淡，上体多褐色点斑而更似沙锥。飞行时两翼较圆钝，双腿下垂并突出于尾后而有别于沙锥。

习性：繁殖及越冬于湿草地、农田等。一雌多雄制，雌性求偶炫耀，雄性孵卵及育雏。性隐蔽，近距离惊飞时飞行较低并落于不远处。半夜行性。

分类与分布：单型种。分布于非洲、南亚、我国东部及东南亚。在我国繁殖于除新疆和青藏高原大部以外，北方种群为夏候鸟。原澳洲亚种*R. b. australis*应为独立种*R. australis*。

参考文献：1—29

**24a 雌鸟－6月/
福建/姜克红**
色彩艳丽，全年羽
色无显著变化

翼上多浅色斑点

**24b 雄鸟－4月/
江苏/章麟**
①头胸部、上体
等色彩不如雌鸟
艳丽，翼上多浅
色斑点
②沿海迁徙时落于
潮间带滩涂

24c 雌性第一冬羽（左）与雌成鸟（右）－12月/四川/董磊

第一冬羽似雌成鸟，比雄鸟色彩艳丽而无翼上浅色点斑，但羽缘具细小的浅色边缘

两翼圆钝

24d 雄鸟飞行－4月/江西/张俊

两翼较大多沙锥圆钝

脚伸出于尾后

25 水雉

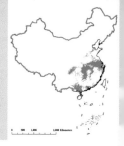

（shuǐzhì） Pheasant-tailed Jacana *Hydrophasianus chirurgus*

体长 / 29—32厘米（非繁殖期。繁殖期尾羽可达30厘米以上）　翼展 / 67厘米　体重 / 120—231克
IUCN受胁等级 / 无危（LC）

外观：颈长、喙短、腿长似秧鸡。趾极长。上体主要为褐色，下体白色。黑色眼线下延至上胸，与褐色顶冠至后颈之间夹有浅黄色带。繁殖羽头脸全白，颈侧黄色面积扩大至颈后且更艳丽，下体变黑色并其黑色延长尾羽。翼覆羽白色面积增大。雌性尾羽长于雄性。飞行时翼上大部白色，翼尖黑色，长腿伸至尾后，略似纤细版的池鹭。

习性：繁殖、迁徙及越冬于有浮水植物的池塘。迁徙时还偶见于河流及沿海滩涂。雌性求偶炫耀并与多个雄性交配，雄性负责孵卵及育雏。利用其长趾缓慢行走于水面漂浮植物。

分类与分布：单型种。分布于南亚、东南亚、我国南方大部及华东北部。在我国大多为夏候鸟，于云南、南部沿海及台湾有留鸟。

参考文献：1—29

颈侧至胸已具黑色线条

25a 幼鸟－10月／江苏／夏淳
①脚趾很长、尾短
②似铜翅水雉幼鸟但颈侧至胸已具似成鸟的黑色线条

枕后黄色淡于繁殖羽

5b 非繁殖羽－10月/江苏/夏淳
顶侧至胸的黑色带比幼鸟粗显，枕后黄色淡于繁殖羽，翼上多褐色横斑

翅膀纯白

c 雌鸟－6月/重庆/肖克坚
殖羽时翅膀纯白，雌性尾羽较雄性长

25d 雄鸟-5月/江西/林剑声
雄鸟尾羽较短，负责孵卵

25e 成鸟-7月/江苏/孙华金
①飞行时可见大部白色的翼的端部具少量黑色
②脚趾非常长

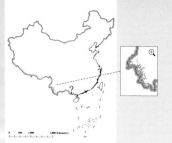

26 铜翅水雉

（tóngchìshuǐzhì） Bronze-winged Jacana *Metopidius indicus*

体长 / 28—31厘米　翼展 / 54厘米　体重 / 147—354克

IUCN受胁等级 / 无危（LC）

外观：身形似水雉但身体后部轮廓较短，喙更粗厚。上体深褐色，头颈至下体为带紫绿色光泽的黑色。眉纹白色。

习性：似水雉但不做长距离迁徙。

分类与分布：单型种。留鸟于南亚、东南亚及我国云南南部和广西西南部。广西东部居留状况不明。

参考文献：1—29

a 幼鸟—12月/泰国/Wanna Tantanawat（泰国）
脚趾非常长
以栗褐色为主，无金属光泽

无较长的尾羽

26b 成鸟－1月／云南／田穗兴
①白眉纹粗显，下体具金属光泽
②不似水雉，无较长的尾羽，且全年羽色无明显变化

26c 成鸟－3月／泰国／宣夏良
翼上色深，不同于水雉

27 丘鹬

（qiūyù） Eurasian Woodcock *Scolopax rusticola*

体长 / 33—35厘米　翼展 / 56—60厘米　体重 / 144—420克

IUCN受胁等级 / 无危（LC）

外观： 身体圆胖，喙长而直，腿短。外观类似沙锥，但头顶至枕部具较宽的深褐色横斑。与大部分沙锥相比其体色更多锈红色，尤其是锈红色的腰及尾部在飞行时相当明显。另飞行时其体型明显大于沙锥，翅宽而圆钝，扑翅沉重。

习性： 繁殖于潮湿的落叶林及混交林地，迁徙及越冬于林下较开阔的林地中。但迁徙时也常见于沿海地带。夜行性，白天隐匿于地面，偶见白天活动。受惊扰时蹲伏，较难发现。惊扰过近时则跑开或低飞而起。夜晚觅食，取食蠕虫类等。

分类与分布： 单型种。繁殖于欧洲中北部至我国新疆、东北及日本北部，以及巴基斯坦至缅甸北部。迁徙及越冬于欧洲至北非，日本、朝鲜半岛、我国大部及东南亚。

参考文献： 1—29

头顶至枕部具较宽的深褐色横斑

初级飞羽覆羽末端白色

27a 成鸟－3月/山东/李宗丰

①头顶高耸，头顶至枕部具较宽的深褐色横斑
②全身大部具锈红色斑
③依靠羽色判断成幼、雌雄非常困难。成鸟初级飞羽覆羽末端白色，与该羽侧面的锈红色斑呈对比。幼鸟初级飞羽覆羽末端与侧面斑同色

27b 成鸟－10月/上海/薄顺奇

年龄判定特征同图27a。成鸟秋季通常于9月迁徙前已完成飞羽更替

28 姬鹬

（jīyù） Jack Snipe　*Lymnocryptes minimus*

体长 / 17—19厘米　翼展 / 38—42厘米　体重 / 28—106克
IUCN受胁等级 / 无危（LC）

外观：体型非常小的沙锥。喙较短，仅略长于头长。与其他沙锥羽色相仿，但上体褐色更暗，头顶中央无浅色顶冠纹。胁部具纵纹而非横斑。飞行时较暗的两翼翼端较其他沙锥圆钝，翼后缘白色；腰至尾色暗，缺乏其他沙锥的浅色及栗色横斑；脚不伸出尾后。

习性：繁殖于泰加林及苔原中的沼泽，迁徙及越冬于具致密植被的湿地及稻田。受惊扰时蹲伏，仅在惊扰持续靠近至1米以内几乎要被踩到时才起飞，短距离飞行后落入隐蔽处，飞起时不发出叫声。多在傍晚至夜晚活动，因而极难发现。

分类与分布：单型种。繁殖于斯堪的纳维亚至西伯利亚，迁徙及越冬于欧洲西部及西南部至非洲中部。于我国迁徙经东部及新疆，至我国南方、南亚及东南亚、中东等地越冬。未记录于青藏高原。

参考文献：1—29, 39

喙短

28a 成鸟—3月/瑞典/Peter Bjurenstål（瑞典）
①体型明显小于其他种类沙锥，喙也短
②成幼仅于抓在手中时可辨，在野外靠羽色难辨

头顶中央无浅色顶冠纹

28b 成鸟－3月/瑞典/Peter Bjurenstål（瑞典）
与图28a为同一个体。上体褐色部位具紫色光泽，有别于其他沙锥。头顶中央无浅色顶冠纹

翅后缘白色

8c 飞行－10月/芬兰/Tom Lindroos（芬兰）
引不伸出于尾后，喙较短。翅后缘白色似扇尾沙锥

29 孤沙锥

（gūshāzhuī） Solitary Snipe *Gallinago solitaria*
体长 / 29—31厘米　翼展 / 51—56厘米　体重 / 126—227克
IUCN受胁等级 / 无危（LC）

外观： 体型较大的沙锥。与其他几种沙锥相比较，上体褐色偏冷色调，脸部及背部浅色条纹偏白色，下体横斑偏黑色。飞行显沉重，脚不伸出尾后；翼后缘无白色，尾偏棕红色。

习性： 繁殖于高海拔的池沼、溪流、山谷等，炫耀飞行时尾羽发出声响。迁徙及越冬于山区溪流、沼泽等处，较少至稻田，与其他沙锥不同。通常独处。

分类与分布： 世界范围内共有2个亚种。指名亚种繁殖于中亚及喜马拉雅的山地，迁徙及越冬于新疆、南亚等。*japonica*亚种繁殖于俄罗斯东北部及黑龙江，越冬于繁殖区域及以南的中低海拔处，包括我国北部及东南部。

参考文献： 1—29

**29a 典型的生境－12月/
新疆/黄亚慧**

**29b 指名亚种，成鸟－
12月/新疆/黄亚慧**
①脸部浅色图纹偏白色，
肩羽浅色线条偏白色
②胸与上体多红褐色，与
胁部横斑颜色呈对比。胁
部横斑下延几至腹部中央
③外侧3枚初级飞羽外翈
具白色羽缘
④根据羽色判断年龄非常
困难

肩羽浅色线条偏白色

脸部浅色图纹偏白色

肩羽浅色线
条略窄

29c *japonica*亚种，成鸟－4月/山东/李宗丰

①比指名亚种上体更偏红色，肩羽浅色线条略窄

②外侧3枚初级飞羽外翈具白色羽缘

③尾羽16－28枚（通常20枚）

翼下横斑密布

9d *japonica*亚种，成鸟，与上图为同一个体－4月/山东/李宗丰

外侧尾羽狭窄且比中央尾羽短

翼下横斑密布

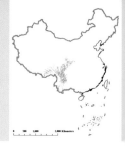

30 林沙锥

（línshāzhuī） Wood Snipe *Gallinago nemoricola*
体长 / 28－32厘米　翼展 / 46厘米　体重 / 142－198克
IUCN受胁等级 / 易危（VU）

外观：体型较大的沙锥，与孤沙锥相仿。与孤沙锥相比喙基部略宽，胸部无暖姜黄色。比其他几种沙锥略大，上体褐色很暗，下体横斑覆盖范围更大，由胁部延展至腹部中央。尾羽18枚，外侧几枚较窄，似澳南沙锥。飞行缓慢，脚伸出于尾后，嘴朝下；翼比其他沙锥圆钝，后缘无白色。

习性：繁殖于高海拔的高草地及灌丛中的沼泽泥潭及池塘，越冬于低海拔的池沼及溪流沿岸。繁殖期在炫耀飞行时发出叫声，气流穿过外侧尾羽时发出响声。

分类与分布：单型种。繁殖于喜马拉雅山脉至四川西部及甘肃南部，越冬于西藏东南部及云南的西部和东北部至印度及东南亚。

参考文献：1－29

上体褐色极暗

30a 成鸟－4月/四川/
邓钢
①上体褐色极暗，胁
部横斑延至腹部中央
②喙较短
③脸部及背部浅色线
条色近白而似孤沙锥

30b 成鸟炫耀飞行－4
月/不丹/James Eaton
（英国）
①脚伸出于尾后，翼
略圆钝
②外侧尾羽未完全打
开，没有发出气流穿
过其间的声音

翼略圆钝

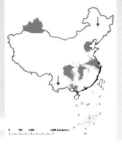

31 针尾沙锥

（zhēnwěishāzhuī） Pin-tailed Snipe *Gallinago stenura*

体长 / 25－27厘米　翼展 / 44－47厘米　体重 / 84－170克

IUCN受胁等级 / 无危（LC）

外观：与扇尾沙锥及大沙锥相似，但尾羽为24－28枚（通常26枚），外侧几对尾羽与中央尾羽相比非常狭窄而似针状。喙长通常为头长的1.5倍，类似于大沙锥而短于大部分扇尾沙锥。飞行时翼后缘无白色，翼下色深；脚伸出尾后。

习性：繁殖于泰加林、苔原林带等。炫耀飞行时较硬的外侧尾羽发出声响。迁徙及越冬于草地及湿地，但通常较扇尾沙锥喜好的生境更干燥。惊飞时常盘飞至高处，并发出较清脆的叫声，而不似扇尾沙锥般沙哑。有时难与大沙锥区分，则可记为针尾/大沙锥。

分类与分布：单型种。繁殖于欧洲东北部至俄罗斯东北部，南至阿尔泰山。迁徙经我国大部至我国南方、南亚及东南亚等地越冬。

参考文献：1－29, 40

外侧几枚尾羽极其狭窄呈"针状"

1a 成鸟－9月/山东/李宗丰

喙与头长相比不如扇尾沙锥长，与大沙锥类似

浅色眉纹在额部较宽而褐色侧顶纹在额部则较窄，类似大沙锥而不似扇尾沙锥

肩羽外翈及内翈均具浅色羽缘，而扇尾沙锥则通常仅外翈具浅色且较宽的羽缘

外侧几枚尾羽宽度相当，与内侧几枚比极其狭窄而呈"针状"

成幼靠羽色极难区分

肩羽缘较窄
扇尾沙锥

身体后部轮廓较短

31b 成鸟（右），与扇尾沙锥在一起－9月/山东/李宗丰
①鉴别特征同图31a，例如肩羽缘较扇尾沙锥窄
②与扇尾沙锥相比尾短，因而身体后部轮廓较短

31c 尾羽比较（左为扇尾沙锥，右为针尾沙锥，与上图中是同样的两只个体）－9月/山东/李宗丰

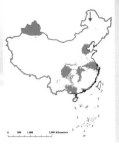

32 大沙锥

(dàshāzhuī) Swinhoe's Snipe *Gallinago megala*

体长 / 27－29厘米　翼展 / 47－50厘米　体重 / 82－164克

IUCN受胁等级 / 无危（LC）

外观： 与扇尾沙锥及针尾沙锥相似。尾羽18－26枚（通常20或22枚），外侧几对尾羽与中央尾羽相比羽色较平淡且逐渐变狭窄，而不似针尾沙锥般突然变狭窄。喙长通常为头长的1.5倍，类似于针尾沙锥而短于大部分扇尾沙锥。飞行时翼后缘无白色，翼下色深；脚伸出尾后不明显。

习性： 繁殖于林缘草地。炫耀飞行时较硬的外侧尾羽发出声响。迁徙及越冬于草地及湿地，但通常较扇尾沙锥喜好的生境更干燥。惊飞时飞行路线较直而低，仅飞行短距离后就落入隐蔽处，很少发出叫声，或仅发出一声类似扇尾沙锥般沙哑但略沉重的叫声。有时难与针尾沙锥区分，则可记为针尾/大沙锥。

分类与分布： 单型种。繁殖于俄罗斯阿尔泰山、外贝加尔及远东地区。可能繁殖于我国东北，迁徙经我国新疆及中东部至东南亚、澳洲北部等地越冬，在西藏东南部偶有过境鸟记录。

参考文献：1－29，40，41

32a 幼羽与第一冬羽间的过渡羽－7月/山东/李宗丰

①外观与针尾沙锥及澳南沙锥极似，野外只有以打开的尾羽特征可以准确识别

②翼覆羽等已磨损或开始换羽，因而外观与成鸟难以区分

外侧几枚较窄的尾羽比针尾沙锥的宽

32b 与图32a为同一个体－7月/山东/李宗丰

①中央几枚较宽的尾羽似澳南沙锥，仅根据分布判断为大沙锥

②外侧几枚较窄的尾羽似澳南沙锥，明显比针尾沙锥的宽

翼下斑纹密布

32c 与图32a为同一个体－7月/山东/李宗丰
①飞羽后缘无扇尾沙锥的明显白色，翼下斑纹密布似针尾沙锥而有别于扇尾沙锥
②飞羽年龄均一而整齐，没有成鸟繁殖期后进行飞羽更替时所呈现的新羽与旧羽的对比

右侧至少可以
数到10枚尾羽

32d 幼鸟－9月/日本/Tsunehiro Komai（日本）
①右侧至少可以数到10枚尾羽，因而尾羽总数大于18枚，可排除澳南沙锥。外侧尾羽似澳南沙锥，仅图纹略有差异
②年龄判断基于排列整齐的翼覆羽及较新的初级飞羽

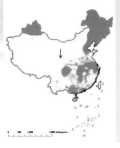

33 扇尾沙锥

（shànwěishāzhuī） Common Snipe *Gallinago gallinago*

体长 / 25—27厘米　翼展 / 44—47厘米　体重 / 72—181克

IUCN受胁等级 / 无危（LC）

外观： 我国最常见的沙锥，与针尾沙锥及大沙锥相似，但尾羽12—18（通常14或16）枚，外侧几对尾羽与中央尾羽宽度相当。喙长通常为头长的1.5—2倍，长于大沙锥和针尾沙锥。飞行时翼后缘有明显白色，翼下具白色宽横纹；脚伸出尾后。

习性： 繁殖于潮湿的苔原、草原等。炫耀飞行时较硬的外侧尾羽发出声响。迁徙及越冬于草地及湿地，但通常较针尾沙锥及大沙锥喜好的生境更潮湿。惊飞时常做快速锯齿状飞行及盘飞至高处，并发出多次较沙哑的叫声，而不似针尾沙锥般清脆。

分类与分布： 世界范围内共有3个亚种。繁殖于欧洲西部至俄罗斯至我国西北及东北，越冬于非洲及亚洲南部。指名亚种繁殖于我国新疆及东北，迁徙经我国大部至我国南方、东南亚等地越冬。

参考文献： 1—29，42—44

喙长，达到头长的2倍

较小的肩羽

3a 幼鸟—5月/北京/沈越
喙长，达到头长的2倍
年龄判断基于非常整齐排列的翼覆羽，末端为皮黄色且面积较小；较小的肩羽
换为第一冬羽后则与成鸟难辨

33b 成鸟－8月/山东/李宗丰
①喙长，达到头长的2倍
②年龄判断基于非常凌乱的翼覆羽等

翼后缘具较宽的白色

翼下覆羽白色并
具少量暗色条带

各尾羽宽度类似

33c 成鸟炫耀飞行－6月/新疆/黄亚慧
①翼下覆羽白色并具少量暗色条带
②翼后缘（二级飞羽）具较宽的白色
③炫耀时尾羽展开，各尾羽宽度类似

3d 成鸟－3月/山东/李宗丰
理羽时会偶尔展开其尾羽，各尾羽宽度类似

e 4月/山东/李宗丰
迁徙时的小群
翼后缘均具明显白色

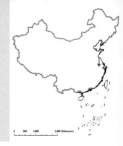

34 长嘴鹬

（chángzuǐyù） Long-billed Dowitcher *Limnodromus scolopaceus*
体长 / 24－30厘米　翼展 / 46－52厘米　体重 / 90－135克
IUCN受胁等级 / 无危（LC）

　　外观：型似半蹼鹬但体型较小，腿短且为黄绿色。喙长而直，在近喙端处突然略向下弯折且喙端不似半蹼鹬般膨大。喙基青绿色，而半蹼鹬整个喙均为黑色。

　　习性：繁殖于苔原的池沼。迁徙及越冬于内陆及沿海的湿地但极少至潮间带滩涂。由于其体型小于半蹼鹬及膝鹬且腿较短，迁徙时更常见与鹤鹬、泽鹬等体型相仿的鸟类觅食于同一片浅水区域。越冬时常见与鹤鹬在同区域但体型较小，腿短，因而常常整个腿部淹没于水中。

　　分类与分布：单型种。主要为新北区的鸟类，但也繁殖于西伯利亚东北部。主要越冬于南美洲及北美洲西部，有少量越冬于东亚。迁徙及越冬于我国东南及中东部。

　　参考文献：1－29

喙前端微微向下扭

34a 幼鸟与灰斑鸻（右）—11月/美国/Ben Lagasse（美国）
①喙长而在前端微微向下扭，喙端较尖，喙基与腿青绿色，腿短于半蹼鹬而站姿较低矮
②年龄判断基于翼覆羽排列整齐，大部分背及肩羽较小而尖，与新长出的平淡灰色且大而圆的第一冬羽呈对比

34b 非繁殖羽与扇尾沙锥（右）－1月/四川/张铭
整体呈平淡的灰褐色，胁部横斑较清晰

胁部具较多横斑

c 繁殖羽－4月/福建/王常松
体羽毛具黑色及栗色图纹，下体变红色但不如斑尾塍鹬等艳丽且胁部仍具较多横斑

雌性体型较大而喙较长

34d 繁殖羽－6月/美国/Ben Lagasse（美国）
①觅食时背部轮廓较圆拱
②雌性体型较大而喙较长

34e 幼鸟与灰斑鸻（下）－11月/美国/Ben Lagasse（美国）
与图34a为同一个体。翼下白色具黑色斑纹，尾至腰具横斑而背白色似鹤鹬、泽鹬等

35 半蹼鹬

（bànpǔyù） Asian Dowitcher *Limnodromus semipalmatus*
体长 / 33－36厘米　翼展 / 59厘米　体重 / 127－245克
IUCN受胁等级 / 近危（NT）

外观：形似塍鹬但体型较小，腿长度类似于斑尾塍鹬而明显短于黑尾塍鹬。黑色的喙长而直，喙端膨大，与塍鹬相比更似沙锥。飞行时翼下色浅，腰至尾有暗色横斑，均有别于斑尾塍鹬、黑尾塍鹬和长嘴鹬。繁殖羽头颈至下腹部锈红色。

习性：繁殖于多草的池沼。迁徙及越冬于内陆及沿海的湿地。觅食时常将长喙垂直向下探入水中又垂直拔出，动作似沙锥，不像黑尾塍鹬般在将喙抬离水面时会向前上方挑起。

分类与分布：单型种。繁殖于西伯利亚西南部、蒙古、俄罗斯东南部及我国东北。迁徙经我国东部及青藏高原，至南亚、东南亚及澳大利亚北部越冬。迁徙时曾可见集数千的大群于天津沿海，但近年来该地数量下降而更大群的记录则来自于江苏连云港。

参考文献：1－29

5a 幼鸟－8月/江苏/韩永祥
黑色的腿长，黑色的喙长而直，先端略膨大
年龄判断基于较小的背部及肩部羽毛，以及具宽阔清晰白色羽缘的翼覆羽，胸部皮黄色

109

35b 幼鸟与成鸟（左）−8月/江苏/韩永祥
①成鸟上体羽毛磨损而逐渐接近非繁殖羽，不具幼鸟般清晰的浅色羽缘，胸部仍保留些许繁殖羽时的红色
②幼鸟羽色尤其是翼覆羽的图纹有个体差异

喙端膨大

35c 非繁殖羽（左）与繁殖羽－7月/内蒙古/张明

①喙端未粘泥，更易看出喙端膨大

②繁殖羽时下体变红。左侧个体基本为非繁殖羽，可能是第一夏羽，其较长的喙显示其可能为雌性

翼下白色

35d 繁殖羽与第一夏羽－5月/江苏/韩永祥

完全繁殖羽时下体红色较浓的为雄鸟，而较淡的为雌鸟，下体几乎无红色的为第一夏羽

翼下白色

35e 幼鸟、成鸟与斑尾塍鹬（左及下）－8月/江苏/韩永祥
体型略小于斑尾塍鹬，喙略短而直且喙基与喙端同为黑色

下体红色不至整个尾下覆羽

35f 繁殖羽与翘嘴鹬（左二）、红脚鹬（左三及右）、弯嘴滨鹬（左四）及斑尾塍鹬（背景）－5月/江苏/韩永
①体型介于斑尾塍鹬与红脚鹬之间
②与斑尾塍鹬类似，觅食时会将整个喙甚至头部插入泥中
③与雄性斑尾塍鹬的繁殖羽不同之处在于下体红色仅延至腹部而不至整个尾下覆羽

35g 成鸟-7月/山东/于涛
身体重心于腹部，脚伸出于尾后

腰至尾具横斑

5h 成鸟与黑尾塍鹬（中下）-7月/江苏/Nicky Green 诸葛民（英国）
腰至尾具横斑而有别于黑尾塍鹬
体型小于黑尾塍鹬，飞行时腿不似黑尾塍鹬般伸出于尾后，仅脚伸出于尾后

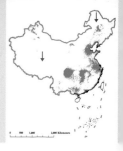

36 黑尾塍鹬

（hēiwěichéngyù）　**Black-tailed Godwit** *Limosa limosa*
体长 / 36—44厘米　翼展 / 70—82厘米　体重 / 160—500克
IUCN受胁等级 / 近危（NT）

外观：形似斑尾塍鹬但腿更长，喙长而直或仅在近端部略下弯。飞行时腿及脚明显伸出尾后，尾上覆羽白色而明显对比于深色的腰及尾后部，翼上白色的横带明显。繁殖羽头颈至上腹部锈红色淡于斑尾塍鹬，下腹部至尾下白色，下胸部、胁部及腹部具横斑。

习性：繁殖于湿草地、沼泽等。迁徙及越冬于内陆及沿海的湿地。觅食时常立于深及腹部的水中，将长喙完全探入水中，看似如鹤鹬般在水中游动。将喙抬离水面时会向前上方挑起。迁徙及越冬时可见数千的大群。

分类与分布：广布于欧亚大陆，繁殖于欧洲北部、西伯利亚、新疆至我国东北。迁徙至欧洲南部、北非、亚洲南部及澳大利亚越冬。有著者将指名亚种和*islandica*亚种作为独立物种（中文名或可为"西黑尾塍鹬"），区别于*melanuroides*亚种（中文名或可为"东黑尾塍鹬"）。其中指名亚种繁殖于新疆，迁徙至南亚及以西。而*melanuroides*亚种经我国东部至我国南方、南亚、东南亚及澳大利亚越冬。此2个亚种可能均可见于青藏高原及我国东部，或有著者认为存在第4个未定亚种，则各亚种在国内分布情况暂不明朗，有待后续研究。

参考文献：1—29，45—48

少量第一冬羽

36a 幼鸟－10月/四川/王昌大
①喙长而直，颈长、腿长
②年龄判断基于上体大部分羽毛较小较整齐且具清晰浅色羽缘。肩背部已出现少量第一冬羽，呈平淡灰色，
大且圆，与幼羽呈对比

114

6b 非繁殖羽－4月/辽宁/张明
整体淡褐色，已磨损的旧羽与一些刚长出的新羽呈对比

幼鸟浅色羽缘清晰

6c 幼鸟与成鸟（右上）及黑翅长脚鹬（下）－9月/江苏/章麟
幼鸟新羽的浅色羽缘清晰，上体呈鳞片状，与成鸟平淡的上体呈对比
典型的觅食姿态，将喙及头没入水下

115

喙出水时向前上方挑

36d 繁殖羽－5月/江苏/鹿中梁
①颈至胸栗色，向下至胁部具横斑
②典型的觅食动作，喙出水时向前上方挑

36e 繁殖羽－5月/辽宁/张明
①颈至胸栗色较浓的为雄性，色彩较淡的为雌性，而仍着非繁殖羽的个体可能为第一夏羽
②长腿伸至尾后，翼上具宽阔的白色带

尾上覆羽白色而尾羽次端带为宽阔的黑色

6f 非繁殖羽－9月/辽宁/张明

个体间在飞羽及尾羽的换羽进度上具差异

翼下白色。腰深褐色，尾上覆羽白色而尾羽次端带为宽阔的黑色，因而得其中英文俗名

g 指名亚种繁殖羽（依繁殖范围推测）－5月/新疆/黄亚慧

型大于东部的 *melanuroides* 亚种，外观差异不大

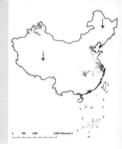

37 斑尾塍鹬

（bānwěichéngyù） Bar-tailed Godwit *Limosa lapponica*
体长 / 37—41厘米　翼展 / 70—80厘米　体重 / 190—630克
IUCN受胁等级 / 近危（NT）

外观：形似黑尾塍鹬及半蹼鹬，但腿明显短于前者，因而站姿不似前者高挑。喙长且通常明显上翘。飞行时脚仅略伸出于尾后，腰至背部白色呈楔形。雄性繁殖羽头颈至整个下体锈红色。

习性：繁殖于苔原及泰加林中的池沼等。主要迁徙及越冬于沿海的湿地。觅食时有时将整个喙甚至头部探入泥中，身体以其为轴左右挪动。较少如黑尾塍鹬般涉入深水觅食，但在涨潮时也与黑尾塍鹬等立于深及腹部的水中。斑尾塍鹬觅食动作不似半蹼鹬和黑尾塍鹬两者觅食的感觉。迁徙及越冬时可见数百至数万的大群。

分类与分布：广泛繁殖于欧洲北部至阿拉斯加西部的北极地带。迁徙至欧洲西部、北非、亚洲南部及澳大利亚越冬。现多认为有3个亚种。其中迁徙经青藏高原的可能为指名亚种或*menzbieri*亚种。*menzbieri*亚种主要迁徙经我国东部至东南亚及澳大利亚西部越冬。*baueri*亚种在春季北迁时经我国东部，但繁殖于阿拉斯加的种群在秋季南迁时多进行长距离的不间断跨海飞行至澳大利亚东部及新西兰等地越冬，少量越冬于我国东南沿海的群体可能来自繁殖于西伯利亚东北部的种群。有著者认为还有*taymyrensis*和*anadyrensis*2个亚种，其分布有待后续研究。

参考文献：1—29

37a 幼鸟—9月/广东/Jonathan Martinez（法国）
①腿长、喙长，喙略上翘
②年龄判断基于上体较小、排列整齐、浅色边缘清晰的羽毛

7b 雌鸟繁殖羽—5月/辽宁/张明

雌鸟繁殖羽似非繁殖羽，仅比非繁殖羽略多些浅栗色

下体栗色延
至尾下

c 雄鸟繁殖羽—5月/辽宁/沈越

雄鸟体型小于雌鸟，腿短，喙也短

下体栗色延至尾下

37d 繁殖羽与大滨鹬（上）—5月/辽宁/张明
雌雄在一起时体型及羽色差别明显

雌

雄

翼下色深

7e 繁殖羽－4月/辽宁/张明

飞行时脚略伸出于尾后。menzbieri和baueri亚种翼下色深而有别于指名亚种

雌雄体型及喙长的差异在飞行时同样明显

baueri

繁殖羽－8月/江苏/Ben Lagasse（美国）

nzbieri腰至下背较白，而baueri亚种相应部位具致密横斑而较暗

长嘴鹬/王常松

喙前端微向下扭

半蹼鹬/曲利明

喙端膨大

黑尾塍鹬/黄亚慧

喙直

斑尾塍鹬/张明

喙略上翘

38 小杓鹬

（xiǎosháoyù） Little Curlew *Numenius minutus*

体长 / 28—32厘米　翼展 / 68—71厘米　体重 / 118—221克

IUCN受胁等级 / 无危（LC）

外观： 为我国有分布的体型最小的杓鹬。喙明显较短而细，且仅在前端明显下弯。浅色顶冠纹及深褐色侧冠纹似中杓鹬。飞行时腰及背褐色，无白色楔形而不同于我国有记录的中杓鹬的亚种，但需注意此部位在飞行时从侧面并不易看到，应持续跟踪直至可从侧后方观察。

习性： 繁殖于干燥泰加林中边缘的开阔地。主要迁徙及越冬于较干燥的草地、农耕地等。在其喜好的生境中也常见到中杓鹬，两者均在近地表处觅食，喙探入泥中不深。中杓鹬还常觅食于潮间带滩涂，而小杓鹬极少至此生境。仅在某些特殊情况下偶尔出现于有水的环境，例如在翻耕的农田觅食、于浅水处饮水等。更有甚者，笔者曾有一次在观察潮间带滩涂的鸻鹬在高潮时于较干燥的围垦区内休憩时，一群小杓鹬迁飞而来并落入此群。在退潮后，潮间带滩涂的鸻鹬大批返回滩涂觅食时，小杓鹬也随之落入滩涂但显得无所事事。惊飞时的叫声似中杓鹬但节奏较慢且音节较少，日间迁飞时的联络叫声则非常不同。迁徙时通常集小群，但在澳大利亚则可集上万的大群。

分类与分布： 单型种。繁殖于西伯利亚中北部至东北部，越冬于新几内亚和澳大利亚。10余年前在迁徙期于黄河三角洲保护区有数千只的记录，近年来由于生境改变不再有如此多的个体。4月中下旬迁徙经过江苏如东时每日数量可达数百，但多数仅迁飞而过，仅少量落于地面短暂休息后又继续迁飞。少量卫星跟踪结果显示某些个体秋季迁徙经过朝鲜半岛继而向南，因而在我国不如春季迁徙时常见。

参考文献： 1—29, 49

喙比较细小且下弯不明显

38a 小杓鹬（左二）与中杓鹬*variegatus*亚种在一起－7月/浙江/戴美杰

个体小于中杓鹬，喙比较细小且下弯不明显，体色偏暖

腰部无白色

38b 幼鸟－9月/浙江/钱斌

①年龄判断基于整齐的、未明显磨损的翼覆羽、飞羽等

②腰部无白色而有别于中杓鹬在国内有分布的亚种

123

38c 幼鸟－9月/浙江/钱斌
与图38b为同一个体

旧羽与新羽对比强烈

38d 成鸟－9月/浙江/吴志华
与幼鸟整齐划一的新羽不同，成鸟繁殖期后换羽时旧羽与新羽对比强烈

P1已完全长成，而
P2－P10未脱落

38e 成鸟－9月/浙江/钱斌

①翼上中覆羽及小覆羽可见繁殖期后换羽时旧羽与新羽的强烈对比，大覆羽较磨损，羽缘不具幼鸟明显的深浅相间纹

②成鸟具暂停换羽，在南迁前已开始更替P1，此时P1已完全长成，而P2－P10未脱落

翼下褐色

38f 成鸟与红颈滨鹬（下方）－4月/江苏/Tomas Lundquist（瑞典）

脚基本不伸出于尾后，翼下褐色似中杓鹬variegatus亚种

在4月中下旬经过江苏南部沿海的日间迁徙中的典型小群体。通常飞行高度为数十米，但偶尔低飞

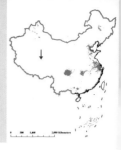

39 中杓鹬

(zhōngsháoyù) Whimbrel *Numenius phaeopus*

体长 / 40—46厘米　翼展 / 76—89厘米　体重 / 268—600克
IUCN受胁等级 / 无危（LC）

外观： 为我国有分布的体型次小的杓鹬。喙较小杓鹬长且粗壮，明显下弯。浅色顶冠纹及深褐色侧冠纹似小杓鹬但整体体色暗于小杓鹬。我国有记录的*variegatus*亚种飞行时腰及下背褐色，仅在上背有白色楔形而不同于小杓鹬，但需注意此部位在飞行时从侧面并不易看到，应持续跟踪直至可从侧后方观察。指名亚种腰及背部白色面积更大。

习性： 繁殖于泰加林中的池沼、苔原、高地等。主要迁徙及越冬于沿海的滩涂、草地、农耕地等，于内陆少见。迁徙时通常集小群。偶见其立于离地面较高的电线上。

分类与分布： 世界范围内共有7个亚种，广泛繁殖于欧洲北部至阿拉斯加及加拿大的北极及亚北极地带。越冬于美洲、欧洲、非洲、东南亚及澳大利西亚。其中指名亚种迁徙经过新疆及青藏高原至南亚及以西越冬。*variegatus*亚种迁徙经我国东部至亚洲南部及澳大利西亚，于我国南方有少量越冬。

参考文献： 1—29

喙不如白腰杓鹬和大杓鹬长

39a *variegatus*亚种幼鸟（依据分布推测）—9月/浙江/陈青骞
①喙不如白腰杓鹬和大杓鹬长
②年龄判断基于肩部背及三级飞羽具明显的浅色点斑，翼覆羽浅色边缘显著因而整体明显浅于暗色的肩背部
③喙未完全长成时略短于成鸟，但因总体长度不如白腰杓鹬和大杓鹬，成幼喙长的差异不那么显眼

下体纵纹及横斑在腹部
通常不如成鸟粗显

39b *variegatus* 亚种幼鸟（依据分布推测）—8月/广东/Jonathan Martinez（法国）
①喙长更长的个体
②下体纵纹及横斑在腹部通常不如成鸟粗显

头部"西瓜皮纹"

c variegatus 亚种成鸟—8月/辽宁/张明
体羽较凌乱，浅色羽缘不明显，翼覆羽和肩背部反差不大
头部"西瓜皮纹"似小杓鹬而有别于白腰杓鹬和大杓鹬

尾上覆羽褐色为
主，腰部狭窄白色

腿基本不伸出于尾后

39d *variegatus*亚种幼鸟（依据分布推测）—9月/江苏/腾腾
①腿较白腰杓鹬和大杓鹬短，基本不伸出于尾后
②年龄判断基于其翼覆羽排列整齐，飞羽较新、磨损较少
③该亚种尾上覆羽褐色为主，腰部狭窄白色中具少量深色横斑

翼下色深而具
较多横斑

39e *variegatus*亚种幼鸟（依据分布推测）—9月/江苏/腾腾
①与图39d为同一个体
②该亚种翼下色深而具较多横斑

下体偏白

89f 指名亚种成鸟－5月/新疆/邢睿

下体通常比variegatus亚种偏白，纵纹及横斑向后延伸较少

尾上覆羽及腰
部白色多

翼下偏白

89g 指名亚种成鸟（依据分布推测）－8月/葡萄牙/Ulf Ståhle（瑞典）

尾上覆羽及腰部白色比variegatus亚种多，即使从前方也部分可见，翼下偏白

已开始更替内侧2枚初级飞羽

129

40 白腰杓鹬

（báiyāosháoyù） Eurasian Curlew *Numenius arquata*

体长 / 50—60厘米　翼展 / 80—100厘米　体重 / 410—1360克

IUCN受胁等级 / 易危（NT）

外观：为我国有分布的体型最大的杓鹬之一。喙较中杓鹬明显长且粗壮，下弯。*orientalis*亚种体型及喙形似大杓鹬，仅略小，在野外不能据此准确区分两者。与大杓鹬相比，体羽偏灰白色调，下腹至尾下偏白色，胁部纵纹向后逐渐变稀疏，几乎不至尾下。飞行时翼下白色。上述特征均易受光线及距离影响而难以应用。最可靠的区别为腰及背部白色楔形，但需注意此部位在飞行时从侧面并不易看到，应持续跟踪直至可从侧后方观察。

习性：繁殖于森林中的泥炭池沼、湿草地等。迁徙时见于滩涂、草地等。主要越冬于滩涂湿地。迁徙及越冬时常集大群，会与大杓鹬混群。常见其使用长喙探至螃蟹洞底部取食螃蟹。偶见其立于离地面较高的电线上。

分类与分布：世界范围内共有3个亚种，繁殖于西欧至西伯利亚及我国，越冬于冰岛至非洲北部及亚洲南部。其中*orientalis*亚种繁殖于新疆、黑龙江等我国北方及以北，迁徙经我国大部至非洲东部，向东至我国北部、南部及菲律宾、大巽他群岛等地越冬。在我国沿海常可见数千的大群。

参考文献：1—29

**40a 幼鸟－8月/辽宁/
张明**

①与成鸟的区别：类似于大杓鹬幼鸟与成鸟的区别，如胸部皮黄色、纵纹较细、喙较短等

②飞羽为新羽，未进行换羽。翼下及尾下白色有别于大杓鹬

翼下白色

尾下白色

**40b 成鸟－5月/新疆/
邢睿**

①*orientalis*亚种具非常长而下弯的喙

②下体白色，胸部纵纹延至胁部

胸部纵纹延至胁部

白腰

P10即将长成

○c 成鸟－11月/江苏/腾腾
○特征性的"白腰"于侧后方可见
○形态似大杓鹬，脚伸出于尾后
○初级飞羽换羽接近完成，P10即将长成

○d 成鸟与斑尾塍鹬（上方两只）－8月/江苏/腾腾
○体型大于斑尾塍鹬
○*orientalis*亚种翼下白色
○秋季成鸟换羽中，注意个体间喙长的差异。通常雌鸟喙更长，左侧一只可能为雌鸟

40e 第一夏羽－3月/江苏/腾腾
与成鸟类似但秋冬季幼年的飞羽未进行更替，因而春夏季时飞羽已磨损较严重

40f 可能的第一夏羽与大杓鹬(右)－6月/浙江/陈青骞
未繁殖而较早更替初级飞羽

41 大杓鹬

（dàsháoyù） Eastern Curlew *Numenius madagascariensis*

体长 / 53—66厘米　翼展 / 88—110厘米　体重 / 390—1350克
IUCN受胁等级 / 濒危（EN）

外观： 为我国有分布的体型最大的鸻鹬，但仅略大于白腰杓鹬*orientalis*亚种，野外依据体型不能准确区分两者。喙形似白腰杓鹬*orientalis*亚种，略长而更显下弯，但在野外不能据此准确区分两者。与白腰杓鹬相比，体羽偏暖褐色及皮黄色调，下腹至尾下与身体余部色彩相近，胁部纵纹向后延展至尾下。飞行时翼下具暗色斑纹。上述特征均易受光线及距离影响而难以应用。最可靠的区别为腰及背与身体余部色彩相近，但需注意此部位在飞行时从侧面并不易看到，应持续跟踪直至可从侧后方观察。

习性： 繁殖于潮湿的草地、河流、沼泽等。主要迁徙及越冬于沿海的滩涂。常见其使用长喙深至螃蟹洞底部取食螃蟹。春秋两季迁徙时间均较早，常集小群，会与白腰杓鹬混群。

分类与分布： 单型种，种群数量仅3万余。繁殖于我国东北黑龙江及俄罗斯东南部至北纬55°，迁徙经我国东部、日本、朝鲜半岛等至亚洲南部及澳大利亚等地越冬。于我国大部仅可见数百只的小群，仅于丹东鸭绿江等少数地点可见上千的大群。

参考文献： 1—29

成鸟明显短
幼鸟的喙常较

下体纵纹较细且
多集中于胸部

a 幼鸟与中杓鹬、斑尾塍鹬等—9月/江苏/蔡抗援
大杓鹬的喙通常比白腰杓鹬长。幼鸟的喙常较成鸟明显短而似白腰杓鹬
肩羽较小、翼覆羽较尖，较新的初级飞羽呈黑色、下体纵纹较细且多集中于胸部

翼下褐色

下体纵纹粗且
向后延伸

41b 成鸟－8月/辽宁/张明
①换羽中，羽毛显凌乱
②喙比幼鸟明显长，下体纵纹粗且向后延伸
③翼下褐色并具斑点而有别于白腰杓鹬

41c 繁殖羽－4月/辽宁/张明
①肩羽较幼鸟大，翼覆羽较圆
②肩羽羽缘出现栗色，比非繁殖羽时艳丽

1d 成鸟换羽－8月/辽宁/张明

* 图41e来自同一地点，拍摄时间仅早20分钟，光照条
* 基本相同

41e 幼鸟－8月/辽宁/张明

可见其喙长、下体色彩及纵纹、飞羽及翼覆羽的新旧
程度与成鸟的差异

腰无白色

内侧3枚新羽已
完全长成

f 成鸟－8月/江苏/腾腾

形态与白腰杓鹬类似

下腹至尾下色彩在很多光照条件下并不易看出与白腰杓鹬的区别，需注意其纵纹向后延展较多；腰无白色而
呈与上体余部类似的褐色，因而得其另一中文俗名"红腰杓鹬"（腰部特征另见前言第5页图）

初级飞羽暂停换羽，内侧3枚新羽已完全长成，外侧7枚旧羽未脱落

135

小杓鹬/腰无白色/钱斌　　　　　　　　　　喙细短

中杓鹬/腰狭窄白色/腾腾　　　　　　　　　喙长中等

白腰杓鹬/腰白/腾腾　　　　　　　　　　　喙极长

大杓鹬/腰无白色/腾腾　　　　　　　　　　喙极长

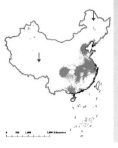

42 鹤鹬

（hèyù） Spotted Redshank *Tringa erythropus*

体长 / 29－32厘米　翼展 / 61－67厘米　体重 / 97－230克

IUCN受胁等级 / 无危（LC）

外观： 体型高挑的鹬，颈部及红色的腿长于红脚鹬。喙长于红脚鹬且显得更细，喙端具向下弯的小钩，喙黑色而红色限于下喙基部。繁殖羽整体黑色，上体具白色点斑。非繁殖羽上体呈浅灰色，有别于红脚鹬的褐色。飞行时腰至背部白色，脚突出于尾后。翅后缘无明显白色，但飞行时在特定光线下会呈半透明状，因而可能使观察者误以为有白色后缘。

习性： 繁殖于潮湿及有林的苔原，迁徙及越冬于沿海、内陆湖泊及一些人工湿地。常集大样，群体数量可达数百至上千。觅食时常涉水较深，在深及腹部的水中频繁的游动，身体后部翘至空中而前部则没入水中，似鸭类。

分类与分布： 单型种。繁殖于古北界北部，越冬于欧洲南部、非洲至亚洲南部。有记录繁殖于新疆天山。迁徙经我国大部，越冬于我国长江中下游地区时在多个地点常可见到上千只的集群，为东部最常见的鹬鹬类之一。

参考文献： 1－29

喙端具向下的钩

下喙基部红色

a 幼鸟－9月/新疆/邢睿

腿长、喙长，喙端具向下的钩

年龄判断基于上体深褐色，羽毛排列整齐且边缘具清晰的白点，腿及下喙基部红色不够鲜亮

未更替的繁殖羽

42b 非繁殖羽－8月/辽宁/张明
上体浅灰色，羽缘具点斑。少量未更替的繁殖羽中央黑色，与非繁殖羽呈对比。更替初级飞羽中

42c 雄鸟繁殖羽与红脚鹬幼鸟（左）－7月/新疆/邢睿
①比红脚鹬体型略大，腿略长，喙也长
②下体变黑色，上体也大部分变黑色，羽缘具白色点斑

黑色中多白色羽缘

2d 雌鸟繁殖羽-5月/辽宁/张明
雄鸟繁殖羽但头部至臀部黑色中多白色羽缘

e 成鸟与青脚鹬（下）-4月/浙江/戴美杰
似青脚鹬，飞行时脚伸出于尾后，腰至背具白色楔形，翼下白色

43 红脚鹬

(hóngjiǎoyù) Common Redshank *Tringa totanus*

体长 / 27—29厘米 翼展 / 59—66厘米 体重 / 85—184克

IUCN受胁等级 / 无危（LC）

外观：似鹤鹬，但颈部及红色的腿短于鹤鹬。喙短于鹤鹬且显得更粗，喙基部的红色区域大于鹤鹬。繁殖羽及非繁殖羽上体均呈褐色，有别于鹤鹬。飞行时腰至背部白色，脚突出于尾后。翅后缘的白色较翘嘴鹬更加显著。幼鸟的腿部呈橙色而非鲜明的红色，在光线及距离不佳时易与灰尾漂鹬混淆，需注意其腿部比灰尾漂鹬更长，身体轮廓后部较短，因而站姿显高。各亚种从外观不易区分，仅于着繁殖羽时可辨。

习性：繁殖于湿地、草原等，主要越冬于沿海湿地。不常如鹤鹬般集大群。觅食时不像鹤鹬般常涉深水。

分类与分布：通常认为有6个亚种。繁殖于欧洲北部至亚洲北部，越冬于欧洲南部、非洲至亚洲南部。ussuriensis亚种繁殖于西伯利亚南部至我国东北，但在青藏高原也有繁殖记录，越冬地中海东部至亚洲南部；terrignotae亚种繁殖于我国东北至东部，越冬于亚洲东部及南部；craggi亚种繁殖于新疆，除迁徙可能经过我国中西部外于辽宁丹东也有记录，可能越冬于我国东部、南亚、东南亚及我国西南；eurhinus亚种繁殖于帕米尔及青藏高原，越冬于南亚及东南亚。进行中的研究对某些亚种的有效性有异议。

参考文献： 1—29, 50, 51

基本无红色的喙

43a 幼鸟与矶鹬幼鸟（右）—8 月/新疆/邢睿
①喙长且直，腿长
②年龄判断基于上体较小、排列整齐、具清晰黄色点斑的羽毛，基本无红色的喙及偏橙色的腿

43b 非繁殖羽与青脚鹬（左）—2月/广西/唐上波
①体型与青脚鹬相仿
②上体褐色较平淡，成鸟喙及腿的红色比幼鸟艳丽

3c 繁殖羽－5月/江苏/王殿宝

_体褐色具深色及浅色的斑，胸部纵纹更发达而向后延伸

d 繁殖羽－5月/四川/陈豫

亚种可依色彩分为两组，一组上体深褐色，另一组上体红褐色，但色彩在照片中不一定能准确呈现

翅后缘的白色极宽

43e 幼鸟－8月/江苏/腾腾
飞行时脚伸出于尾后，翅后缘的白色极宽

43f 繁殖羽－6月/辽宁/张明
腰至背具白色楔形

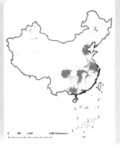

44 泽鹬

（zéyù） Marsh Sandpiper *Tringa stagnatilis*

体长 / 22—26厘米　翼展 / 55—59厘米　体重 / 43—120克

IUCN受胁等级 / 无危（LC）

外观：体型纤细而高挑的中小型鹬。轮廓似青脚鹬但体型更小，喙不上翘，更细且尖如针状而似红颈瓣蹼鹬。与林鹬相比喙及颈更细长。飞行时腰至上背具白色楔形，似青脚鹬而有别于林鹬。脚更突出于尾后。繁殖羽时上体显现淡黄褐色，不如林鹬的褐色显著但有别于青脚鹬和小青脚鹬的灰黑色。

习性：繁殖于草原中的沼泽，迁徙及越冬于各种内陆及沿海湿地，但不常至潮间带滩涂。常集小至大群。觅食时若水面聚集有大量蚊蝇，会迅速啄食或如反嘴鹬般在水面左右扫动喙部。

分类与分布：单型种。繁殖于欧洲东南部至亚洲中东部，越冬于非洲至亚洲南部及澳大利亚。国内繁殖于东北及内蒙古东部，迁徙经大部并少量越冬于南方沿海省份及西藏南部。

参考文献：1—29

第一冬羽

长而细的喙

4a 幼鸟－8月/浙江/陈青骞

长而细的喙，纤细的头颈及身体，长腿

年龄判断基于深色且具清晰浅色羽缘的翼覆羽及较尖的肩羽等，与少量已更替的灰色的较圆较大的肩背部第一冬羽呈对比

44b 非繁殖羽－10月/辽宁/张明
上体至尾羽为平淡的浅灰色并具狭窄的白色羽缘

44c 幼鸟－8月/浙江/陈青骞
①脚及部分跗跖伸出于尾后
②与图一中的幼鸟相比，基本未向第一冬羽转变，顶
冠色更暗

44d 繁殖羽－4月/辽宁/张明
①腰至上背白色楔形，尾上覆羽及尾羽具细横斑，翼下大部白色
②上体由非繁殖羽的灰色转变为浅褐色，并具黑色的点斑或横斑，头颈至胸部出现纵纹

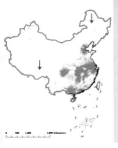

45 青脚鹬

（qīngjiǎoyù） Common Greenshank *Tringa nebularia*

体长 / 30—35厘米　翼展 / 68—70厘米　体重 / 125—290克
IUCN受胁等级 / 无危（LC）

外观：体型高挑的中型鹬。颈长、腿长而似放大版的泽鹬，但喙更粗壮且略微上翘。肩羽及三级飞羽的浅色羽缘具深色斑而显斑驳。飞行时腰至上背具白色楔形，脚明显伸出尾后。
习性：繁殖于泰加林中的池沼、湖泊和河流，迁徙及越冬于各种内陆及沿海的湿地。觅食有时似鹭般快速的奔跑跳跃于水中追逐鱼虾，有时如反嘴鹬般在水面左右扫动喙部。通常独处或集小群。
分类与分布：单型种。繁殖于北欧至俄罗斯东部，越冬于西欧、非洲至亚洲南部及澳大利西亚。迁徙经我国大部，越冬于我国华北以南的大部至西藏南部。
参考文献：1—29

喙长而略上翘

中趾与内趾间不具蹼

45a 幼鸟—10月/四川/王昌大
①青灰色的喙长而略上翘，颈细长，长腿呈青绿色。脚的中趾与外趾间具半蹼，中趾与内趾间不具蹼而有别于小青脚鹬
②年龄判断基于翼上偏褐色的排列整齐的覆羽。肩背部已部分被灰色的第一冬羽替代

45b 非繁殖羽—4月/江西/曲利明
①整体灰褐色，头颈具纵纹而上体羽缘具细碎横斑
②喙基由于光照原因呈现青绿色而有别于喙端，可似小青脚鹬，但注意其头颈软细长

45c 繁殖羽－5月/辽宁/沈越
上体出现中央黑色的羽毛，头颈部纵纹也变粗显

整个脚伸出于尾后

翼下具黑色斑纹而显暗

45d 非繁殖羽－3月/浙江/戴美杰
①整个脚伸出于尾后
②腰至背白色而尾具横斑，翼下具黑色斑纹而显暗

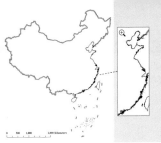

46 小青脚鹬

（xiǎoqīngjiǎoyù） Nordmann's Greenshank *Tringa guttifer*

体长 / 29－32厘米　翼展 / 55厘米　体重 / 136－158克

IUCN受胁等级 / 濒危（EN）

外观：体型中等的鹬。虽名为"青脚鹬"但实际上轮廓似放大版的翘嘴鹬，仅喙部不如翘嘴鹬般明显上翘。腿及颈较青脚鹬短，站姿不如其高挑。喙较短粗。腿部实为黄色而非青色，喙基部也比青脚鹬略偏黄色。飞行时脚突出尾后不明显，而喙又短，因而整体比青脚鹬短胖。翼下白色，异于青脚鹬斑驳的翼下。腰至上背白色楔形似青脚鹬但尾不具明显横斑。非繁殖羽上体灰色淡于青脚鹬，在特定光线下整体显白。上体羽缘仅具浅色而无深色斑，因而整体显平淡而不如青脚鹬斑驳。完全繁殖羽时比青脚鹬更黑，且胸前黑色呈点斑而非纵纹。前三趾间具蹼，而青脚鹬仅两趾间具蹼。

习性：繁殖于近岸的潮湿草地及沼泽中的落叶松上。迁徙及越冬于沿海潮间带滩涂，仅在高潮时休憩于人工湿地。在滩涂上觅食时步速或急或慢于青脚鹬，但不会像青脚鹬般迅速奔跑跳跃于水边追逐鱼虾。有时在螃蟹洞旁静立可长达半小时，待其出洞后捕食之。通常集小群，但在秋季于江苏南部可集数百的大群。在滩涂上涨潮时常见其零散混于更大数量的灰斑鸻、大滨鹬等中型鸻鹬群中休憩，而较少见与青脚鹬混群。

分类与分布：单型种。繁殖于俄罗斯鄂霍茨克海西部及库页岛（萨哈林）北部，可能于临近地区也有繁殖。迁徙经日本、朝鲜半岛和我国东部沿海至东南亚及南亚越冬。我国的一些内陆及冬季记录较可疑。近年来在秋季当它们聚集于江苏南部东台及如东换羽时，连续多年统计数据均大于其种群数量估计值。实际数量约1200只。

参考文献：1－29，75

尾上覆羽至上背白色，尾羽浅灰色

...a 幼鸟－9月/江苏/腾腾

喙长且略上翘，基部青色而端部黑色，黄色的腿较长，颈长度中等且显粗

尾上覆羽至上背白色，尾羽浅灰色

年龄判断基于较小的褐色的背及肩羽，排列整齐、浅色羽缘清晰的翼覆羽及飞羽。上体已出现少量灰色具浅色羽缘的第一冬羽，与幼羽呈对比

喙粗厚

腿较短，亮丽黄色

46b 非繁殖羽与青脚鹬（左）－10月/江苏/刘兵
①体型仅略小于青脚鹬，但腿较短、喙粗厚、头大而颈短，因而整体站姿较平趴
②腿色亮丽黄色有别于青脚鹬，上体灰色较淡，浅色羽缘平淡而缺乏青脚鹬羽缘的斑纹

胸至两胁具粗显
的黑色点斑

46c 繁殖羽、非繁殖羽与大滨鹬（左）－8月/江苏/章麟
①腿虽短于青脚鹬，但还是长于大滨鹬
②繁殖羽上体变黑色，胸至两胁具粗显的黑色点斑，正面看与大滨鹬繁殖羽类似，需注意站姿高低的差异
③繁殖羽个体此时已开始换羽，因而上体某些羽毛的白色基部暴露出来，与6－7月份全黑色的繁殖羽有别。
有橙色旗标，但并非被环志于澳大利亚，而最可能是环志于印度尼西亚但黑色旗标丢失

脚仅部分伸
出于尾后

6d 繁殖羽－8月/江苏/Ben Lagasse（美国）
〇因腿短于青脚鹬，飞行时脚仅部分伸出于尾后
〇因大覆羽脱落而暴露出的二级飞羽白色基部形成翼上的白色带

翼下白色

e 繁殖羽向非繁殖羽过渡－8月/江苏/汤正华
下白色,外侧3枚旧的初级飞羽与内侧正在生长的新羽呈明显对比

46f 与青脚鹬（左一及左四）及翘嘴鹬（左三）－8月/江苏/Ben Lagasse（美国）
①非繁殖羽体色似翘嘴鹬，站姿低矮也似翘嘴鹬，需注意其腿略长且翼后缘无翘嘴鹬般的白色
②青脚鹬腿长因而整个脚伸出于尾后，翼下色暗

46g 集群－9月/江苏/彭浩岚
秋季集群换羽，涨潮时与中大型的鸻鹬如白腰杓鹬、斑尾塍鹬、灰斑鸻、大滨鹬等混群

150

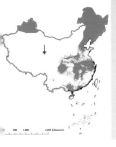

47 白腰草鹬

（báiyāocǎoyù） Green Sandpiper *Tringa ochropus*
体长 / 21—24厘米　翼展 / 57—61厘米　体重 / 53—119克
IUCN受胁等级 / 无危（LC）

外观：似放大版的矶鹬，但腿及喙更长。腿不如林鹬长，身体后部较长，站姿较低矮而似矶鹬。上体灰色非常暗，上胸致密的纵纹与浅色下胸具明显的边界，似矶鹬但无矶鹬"肩部"的白色"月牙"。近距离时可见上体具浅色点斑但不显著。飞行时脚几不伸至尾后，腰部白色似林鹬但尾部具较粗的横斑。翼下黑色，整体黑白对比明显。

习性：繁殖于有池沼的林中或林缘，常利用别种鸟在树上的旧巢，有时也在地上筑巢。迁徙及越冬时见于沟渠、池塘、河流及湖泊边缘，不至开阔的滩涂。身体后部常如矶鹬般上下颤动。常独处。惊飞时常快速飞至较远处。

分类与分布：单型种。繁殖于北欧至俄罗斯东部，越冬于欧洲西部、非洲至亚洲南部。在我国繁殖于新疆及东北，迁徙及越冬于我国大部。

参考文献：1—29

上体点斑与林鹬相比显细小

幼鸟－8月/新疆/邢睿

喙直而较长，长于矶鹬、林鹬等

整体暗灰褐色，上体点斑与林鹬相比显细小，尾部黑色横斑宽

年龄判断基于上体羽毛较小，浅色点斑偏黄褐色

47b 非繁殖羽与矶鹬（左）－1月/四川/王昌大
①体型、腿长及喙长均大于矶鹬
②体色暗于矶鹬，无矶鹬的白色月牙形"肩部"
③上体浅色点斑小于幼鸟且偏白

47c 繁殖羽与白鹡鸰（左）－4月/四川/王昌大
较长的腿暗色，上体白色及胸部纵纹较粗显

尾羽具粗横斑

翼下暗

7d 飞行－3月/浙江/戴美杰

•飞行时脚略略伸出尾后
•腰部白色似林鹬，但尾羽具粗横斑因而显得较暗，翼下暗于林鹬

e 幼鸟与林鹬幼鸟（右一）、泽鹬幼鸟（右二）及流苏鹬雌鸟（左一）－9月/山东/李宗丰
•冬比林鹬显平趴

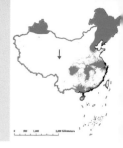

48 林鹬

（línyù） Wood Sandpiper *Tringa glareola*
体长 / 19—23厘米　翼展 / 56—57厘米　体重 / 34—98克
IUCN受胁等级 / 无危（LC）

外观：似缩小版的红脚鹬。腿及颈不如泽鹬细长但长于白腰草鹬，站姿显高挑。上体褐色ⅠⅠ暗于泽鹬繁殖羽但暖于白腰草鹬，白色点斑较白腰草鹬更显著。上胸的稀疏纵纹与浅色下胸对比不强烈。腿偏黄色。飞行时腰部白色不延至背部，无红脚鹬般的楔形而似白腰草鹬。尾部横斑和疏，翼下较白，不似白腰草鹬般黑白对比强烈。脚明显突出于尾后。

习性：繁殖于有林的苔原、池沼等，迁徙及越冬于内陆及沿海各种湿地，但不常至潮间带泥涂。步态缓慢，身体后部偶尔上下颤动。有时集小群。

分类与分布：单型种。繁殖于北欧至俄罗斯东部及我国东北，越冬于非洲、亚洲南部及澳大利西亚。迁徙经我国大部，部分在西藏南部、云南至华南地区越冬。

参考文献：1—29

喙长约等于头长

48a 幼鸟－8月/新疆/邢睿
①喙长约等于头长，喙细，黄绿色的腿长
②年龄判断基于上体的点斑偏褐色且清晰，较新的飞羽尖且具清晰浅色羽缘

○ 非繁殖羽－2月/福建/张浩
上点斑较小，旧羽与新羽呈对比

○ 繁殖羽与流苏鹬（左）－4月/山东/李宗丰
上体羽毛两侧白色点斑面积变大，中央深色部分面积变小但颜色加深
流苏鹬体型较小，应为雌性

腰白，尾具横斑

48d 非繁殖羽－9月/浙江/戴美杰
腰白，尾具横斑。两侧初级飞羽换羽进度相同，但右侧的P10已脱落而左侧的P10还未脱落

白色的翼下具细
密的深色斑纹

48e 非繁殖羽－9月/浙江/戴美杰
与图48d为同一个体。白色的翼下具细密的深色斑纹

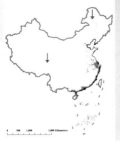

49 灰尾漂鹬

（huīwěipiāoyù） Grey-tailed Tattler *Tringa brevipes*

体长 / 24—28厘米　翼展 / 45—65厘米　体重 / 80—162克

IUCN受胁等级 / 近危（NT）

外观：形似白腰草鹬但腿更短。上体灰色较淡，白色点斑仅出现于幼鸟。胸部灰色也较淡，腿黄色。繁殖羽胸至胁部具横斑。飞行时腰部无白色，脚不伸出于尾后。

习性：繁殖于山地森林的多岩河流边，也利用树上的旧巢。迁徙及越冬时喜沿海滩涂，喜栖于防波堤及岩石，也常见于海岛。有时见于具水泥堤岸的人工湿地。缓慢步行觅食。独行或集小群。

分类与分布：单型种，曾置于*Heteroscelus*（漂鹬）属。繁殖于西伯利亚东部及蒙古，迁徙时经东亚，越冬于东南亚及澳大利西亚。迁徙时见于我国东部沿海及远海岛屿，但也少量记录于内蒙古及青海。越冬于海南及台湾。迁徙时于福建泉州湾可见数百。

参考文献：1—29

腿色偏黄

a 幼鸟－11月/江苏/章麟

形态似白腰草鹬，喙直而略长，腿比白腰草鹬略短而站姿显平趴，颈细而头小

整体灰色淡于白腰草鹬，腿色偏黄，尾不具粗黑横斑

年龄判断基于上体羽缘具细小的浅色点斑，外侧尾羽具横斑

157

49b 非繁殖羽－6月/澳大利亚/Micha Jackson（加拿大）
上体灰色无幼鸟般的细小点斑

下体具致密的纵纹及横斑

49c 繁殖羽与翘嘴鹬及中杓鹬（中）－8月/辽宁/张明
①体型及站姿似翘嘴鹬
②下体具致密的纵纹及横斑

红
脚
鹬
腿
更
长

49d 繁殖羽与红脚鹬（左）－5月/上海/李作为

①翼下色深，尾上覆羽至腰的浅色横斑可见而有别于漂鹬，但尾羽无横斑

②红脚鹬幼鸟喙无红色而腿色暗淡，有时会被误认为灰尾漂鹬，需注意其腿更长

③飞行时红脚鹬腿长的特征更明显，脚伸出于尾后，且上体多白色

尾
上
覆
羽
及
腰
具
浅
色
横
斑

49e 幼鸟－8月/上海/薄顺奇

飞行时脚不伸出于尾后

腰背部及翼后缘等无明显白色，尾上覆羽及腰的浅色横斑较漂鹬显著

与11月的个体相比较小的肩背部羽毛更偏褐色

49f 繁殖羽－8月/江西/林剑声

迁徙时出现于内陆高山近顶端处，海拔约1900米

50 翘嘴鹬

（qiàozuǐyù） **Terek Sandpiper** *Xenus cinereus*

体长 / 22—25厘米　翼展 / 57—59厘米　体重 / 50—126克

IUCN受胁等级 / 无危（LC）

外观： 体型小而腿短似矶鹬，但喙很长且上翘。在常与其混群的小型鹬中其较浅的体色与橙色的腿使其明显有别于其他种类。飞行时脚不伸出于尾后。腰无白色，翅后缘白色有别于灰斑鹬。但此白色不如红脚鹬的宽，需从侧后方仔细观察。

习性： 繁殖于苔原及森林草原，尤其是低地泰加林中的湖泊、河流边。在人工环境中的漂浮原木上也可繁殖。迁徙及越冬时主要见于沿海地区。觅食时常急速跑动，身体向前下压，喙部接近水或滩涂表面捕食螃蟹等。在同一片觅食生境下的各种鹬类中，它通常是行动最积极而迅速的。高潮休憩时会与其他种类混群，但也常集成单一种类的小群于水边及岩石上，更是经常立于水面上的竹竿等处。

分类与分布： 单型种。繁殖于芬兰至俄罗斯东部，越冬于非洲至东南亚及澳大利西亚。迁徙时见于我国大部，少量越冬于台湾。

参考文献： 1—29

50a 可能的幼鸟－8月/新疆/邢睿

①腿短，站姿平趴，喙长而上翘
②年龄判断基于上体皮黄色的羽缘及较暗淡的喙基

喙长而上翘

腿短

50b 繁殖羽－5月/辽宁/张明

繁殖羽肩羽的黑色线条更粗显

繁殖羽肩羽的黑色线条更粗显

160

0c 非繁殖羽－3月/河北/张永

①腿短，站姿平趴，喙长而上翘
②各羽色相似，上体平淡灰色，腿为明亮的橙色

0d 群体－9月/江苏/蔡抗援

· 高潮休憩时会与其他种类混群，但也常集成单一种类的小群。此群主要为翘嘴鹬，混有中杓鹬、斑尾塍鹬幼
、尖尾滨鹬、黑腹滨鹬、红颈滨鹬、翻石鹬、灰尾漂鹬、铁嘴沙鸻等
· 在警惕时颈部伸长而不再显低矮。平趴或挺立时身形均较似灰尾漂鹬，但体色淡而喙更长。有些个体上体偏
色而更接近灰尾漂鹬，颈至胸部纵纹也不清晰而是呈模糊的灰褐色，可能为幼鸟

161

二级飞羽后缘具白边

50e 非繁殖羽－9月/浙江/戴美杰
①脚不伸出于尾后
②二级飞羽后缘具白边，翼下白色。外侧初级飞羽还未完全长出

头略小而
喙略长

50f 繁殖羽与灰尾漂鹬（右二）－5月/上海/李作为
飞行时轮廓也似灰尾漂鹬，仅头略小而喙略长

51 矶鹬

(jīyù) Common Sandpiper *Actitis hypoleucos*

体长 / 19—21厘米　翼展 / 38—41厘米　体重 / 33—84克

IUCN受胁等级 / 无危（LC）

外观：体小而矮的鹬，似白腰草鹬但腿更短。喙短而直，不似同样站姿低矮的翘嘴鹬。上体暖褐色调不似白腰草鹬般暗，但又不似翘嘴鹬那么浅。上胸部的深色纵纹与浅色下胸形成的对比似白腰草鹬，但下胸部的白色向上延至翅与上胸之间形成"肩部白色月牙"。飞行时翼上白色横带显著，腰无明显白色但尾羽末端一圈白色常可见。

习性：繁殖于有林的苔原、草原等地的湖泊及河流边。迁徙及越冬于内陆及沿海的各种湿地且通常喜好有岩石或砾石的水边，比其他鹬更常见于砂石甚至混凝土路面。惊飞时飞行高度极低，卜翅几下，后两翼平伸略向下压，滑翔短距离后再继续扑翅，如此往复。身体后部常常上下颤动。通常独处，偶集小群。

分类与分布：单型种。繁殖于欧洲至亚洲北部，越冬于南欧、亚洲南部及澳大利西亚。国内繁殖于西北、华北、东北及青藏高原北部，迁徙经大部至华北以南及青藏高原南部越冬。

参考文献：1—29

后较长　尾伸出翼

51a 幼鸟—7月/新疆/邢睿

①喙直而略短，腿较短，站姿平趴，尾伸出翼后较长

②年龄判断基于顶冠至上体羽毛较小并具清晰的皮黄色羽缘，胸部纵纹稀疏

肩部具白色"月牙"

胸部灰色，纵纹模糊

51b 非繁殖羽—11月/新疆/邢睿

①上体比较接近平淡灰色，胸部灰色，纵纹模糊。肩部具白色"月牙"

②仍在向完全非繁殖羽过渡中，初级飞羽的旧羽与新羽呈对比。外侧尾羽末端的白点比中央尾羽的大，此时中央尾羽可能已脱落

51c 繁殖羽（卧巢）－6月/新疆/邢睿
上体深色横斑及胸口纵纹更粗显，翼覆羽羽缘白色

外侧尾羽
白色明显

51d 成鸟－4月/湖北/张叔勇
①飞行时脚不伸出于尾后
②翼上具明显的白色带，外侧尾羽白色明显

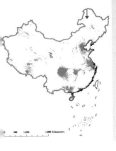

52 翻石鹬

（fānshíyù） Ruddy Turnstone *Arenaria interpres*

体长 / 21—26厘米　翼展 / 50—57厘米　体重 / 84—190克

IUCN受胁等级 / 无危（LC）

外观：身材非常矮胖的鹬。黑色的喙短而粗壮，呈楔状。腿短，橙红色。各羽色均具黑色胸带。飞行时上体具多道白色，尾羽基部白色，与上体余部及尾羽的黑色次端斑成对比。

习性：繁殖于沿海苔原的砂质及多石的海滨以及无树的岛屿。迁徙时见于内陆及沿海，越冬主要于沿海地区。觅食时有时将喙探入海草、碎石、贝壳等杂物下翻捡，行走迅速。

分类与分布：世界范围内共有2个亚种，分布于除南极洲外的各个大陆。我国有分布的指名亚种繁殖于欧亚大陆及北美洲的北极地带，越冬于西欧、非洲至亚洲南部、澳大利西亚及北美洲西海岸。迁徙时经我国大部，越冬于南方沿海（北可至江苏）。

参考文献：1—29

喙短粗

52a 幼鸟—9月/四川/王昌大

①腿短，站姿较平，喙短粗，颈短②年龄判断基于上体羽毛较小、排列整齐而浅色边缘清晰，腿色较淡

短颈

52b 幼鸟与弯嘴滨鹬幼鸟（中）及矶鹬（右）—9月/浙江/吴志华

更典型的短腿短颈姿态

52c 非繁殖羽－2月/福建/董国泰
色彩较暗，但胸带较完整，腿色也更艳丽

头较白

52d 雄鸟繁殖羽－5月/河北/张永
①上体栗色黑色为主，脸白并具黑色条带至胸部
②雄性色彩较艳丽，头较白而顶冠具细的黑色纵纹

顶冠偏褐色

♀e 雌鸟繁殖羽－5月/辽宁/张明

鸟比雄鸟羽色略暗淡，顶冠偏褐色，翼覆羽栗色及黑色不如雄鸟浓重

繁殖羽－9月/江苏/腾腾

行时背至腰、翼上白色条带鲜明

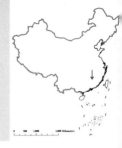

53 大滨鹬

（dàbīnyù） Great Knot *Calidris tenuirostris*

体长 / 26—28厘米　翼展 / 56—66厘米　体重 / 115—248克
IUCN受胁等级 / 濒危（EN）

外观：体型中等但矮胖的鹬。喙较长且直，腿短。体型比红腹滨鹬大，喙更长，身体后部轮廓较长。繁殖羽胸部具致密的黑色点斑，形成胸带，肩羽红黑相间。飞行时尾上覆羽白色比红腹滨鹬略显著。

习性：繁殖于亚北极的山地苔原。迁徙及越冬主要于沿海潮间带滩涂。觅食步速较缓，快速啄食贝类等。常与红腹滨鹬、灰斑鸻等混群。可集数百至上万的大群。

分类与分布：单型种。繁殖于西伯利亚东北部的小片地区，迁徙主要经沿海地区，越冬于亚洲南部及澳大利西亚。迁徙时见于我国沿海，少量越冬于南方沿海。在辽宁盘锦及丹东集群数量可达数万，尤其是在春季。

参考文献：1—29

53a 幼鸟－8月/浙江/陈青骞
①形态与红腹滨鹬相似，身材壮实，喙比红腹滨鹬长而略下弯
②年龄判断基于上体排列整齐的深色体羽具宽的浅色羽缘。胸部黑色点斑及纵纹似成鸟繁殖羽

喙比红腹滨鹬长而略下弯

53b 第一冬羽－11月/福建/钱斌
似成鸟非繁殖羽，整体灰褐色较平淡，胸口灰色具稀疏点斑，部分翼覆羽为磨损了的幼羽

胸口具致密的黑色点斑

3c 繁殖羽－4月/福建/郑建平
肩背部出现黑色、栗色相间的羽毛，胸口具致密的黑色点斑
个体大小虽然算中等，但因腿短而在中型鸻鹬群中显矮小
迁徙时集小至大群（另见前言部分第1页图片）

幼鸟

上体灰色淡于
红腹滨鹬

成鸟非
繁殖羽

1 非繁殖羽与幼鸟/第一冬羽及红腹滨鹬（左）－10月/浙江/陈青骞
繁殖羽肩背部及翼覆羽因换羽而显凌乱，此时难以判断是成鸟还是第二冬羽
幼鸟在不同程度地向第一冬羽转变，似成鸟非繁殖羽的浅灰色新羽与色深的翼覆羽幼羽呈对比
繁殖羽的上体灰色淡于红腹滨鹬

身体重心位于前胸

53e 繁殖羽与红腹滨鹬（上）及铁嘴沙鸻（下）－4月/江苏/腾腾
①若不考虑喙长，则头至尾的长度并不比红腹滨鹬及铁嘴沙鸻长很多，但身体较粗壮，身体重心位于前胸，而[
腹滨鹬的则偏后；与红腹滨鹬相似，翼宽于铁嘴沙鸻，脚不伸出于尾后
②翼下白色似红腹滨鹬，但腋羽比红腹滨鹬更平淡，黑色斑纹不如其显著

尾上覆羽比红腹滨鹬少黑色点斑

53f 繁殖羽与环颈鸻、弯嘴滨鹬及红腹滨鹬－4月/江苏/腾腾
①与红腹滨鹬同属大型滨鹬，弯嘴滨鹬为中型滨鹬，而环颈鸻体型与小型滨鹬相仿
②尾上覆羽比红腹滨鹬少黑色点斑因而显白

54 红腹滨鹬

（hóngfùbīnyù） Red Knot *Calidris canutus*

体长 / 23－25厘米　翼展 / 45－61厘米　体重 / 85－220克

IUCN受胁等级 / 近危（NT）

外观： 形似大滨鹬但体型略小，喙较短。非繁殖羽体色与大滨鹬相近，但大滨鹬上体羽毛中央色深而边缘色浅，整体不如红腹滨鹬平淡。繁殖羽下体具亮丽的栗红色。飞行时轮廓似大滨鹬，浅色腰部至尾上覆羽具横斑而略暗于大滨鹬。

习性： 繁殖于北极高纬度的沿海及山地苔原。迁徙及越冬主要于沿海地区。觅食行为似大滨鹬，行走缓慢，快速啄食贝类等。常与大滨鹬混群。可集数百至上万的大群。

分类与分布： 世界范围内共有6个亚种。分散繁殖于环北极的高纬度地区。越冬于西欧、非洲、亚洲南部、澳大利西亚及美洲南部。其中*rogersi*亚种繁殖于俄罗斯楚科齐东北部，越冬于澳大利西亚。迁徙经我国沿海省份，少量越冬于南方沿海。青海的记录有疑问，可能为*piersmai*亚种。而*piersmai*亚种繁殖于俄罗斯新西伯利亚群岛，越冬于澳大利西亚。迁徙经我国沿海省份。2个亚种在沿海个别地点均会集成大群，尤其是春季于河北滦南。

参考文献： 1－29，52－54

54a 幼鸟与黑腹滨鹬等－9月/江苏/腾腾

①体型上与大滨鹬同属大型滨鹬，身形似大滨鹬，喙比大滨鹬短

②幼鸟具明显的浅色羽缘，深色的次端斑及羽轴形成锚状图纹，似大滨鹬幼鸟，但胸部点斑细小

滨鹬短　喙比大

54b 非繁殖羽与白腰杓鹬（中）及环颈鸻（下）－10月/广西/唐上波

上体色彩平淡。右侧个体翼覆羽排列整齐且浅色羽缘清晰，为第一冬羽

54c 繁殖羽与斑尾塍鹬（展翅）－4月/山东/李宗丰
我国有分布的2个亚种在春季迁徙时据繁殖羽色可以区分。*rogersi*亚种上体偏银灰色，脸至下体的红色偏淡；*piersmai*亚种上体偏红褐色，脸至下体的红色深并且延伸至枕部

54d 繁殖羽与翘嘴鹬－5月/江苏/腾腾
①体型大于翘嘴鹬但身体重心位置似翘嘴鹬
②2个亚种的区别在飞行时也可见，下方多为*rogersi*亚种而上方多为*piersmai*亚种

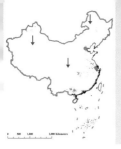

55 三趾滨鹬

（sānzhǐbīnyù）Sanderling *Calidris alba*

体长 / 18—20厘米　翼展 / 35—45厘米　体重 / 33—110克

IUCN受胁等级 / 无危（LC）

外观： 身材矮胖的小型鹬，体型与黑腹滨鹬相仿。轮廓似体型较小的红颈滨鹬/小滨鹬，但喙较长而粗壮。后趾缺失，仅前三趾。非繁殖羽的上体灰色特别淡，常给人以白色的感觉并缀有黑色点斑。繁殖羽脸至胸的红色非常暗且斑驳，不如红颈滨鹬的亮丽且纯净。飞行时翼上白斑较小型滨鹬显著。

习性： 繁殖于环北极的高纬度苔原。迁徙经内陆和沿海，越冬主要于沿海滩涂、沙洲。常快速奔跑于浪花边缘，当潮水上涨不快时也见与红颈滨鹬一起于潮线上啄食。常集数十至数百的小群。

分类与分布： 世界范围内共有2个亚种，除南极洲外见于各个大陆。繁殖于欧亚大陆及北美的高纬度地区，越冬于西欧、非洲、亚洲南部、澳大利西亚、北美洲及南美洲。其中*rubida*亚种繁殖于西伯利亚东北至阿拉斯加和加拿大北部，越冬于东亚及美洲。迁徙时见于我国除西南的大部，在东南沿海越冬（北可至江苏）。

参考文献： 1—29

第一冬羽

后趾缺失

a 幼鸟－10月/江苏/钱斌

喙长中等，后趾缺失，头大、颈粗

肩背部羽毛黑色并具浅色羽缘、顶冠偏黑色，均为幼羽，灰白色的羽毛为第一冬羽

肩部有一小块黑色

55b 非繁殖羽－12月/福建/张明

上体灰色特别浅以至于有时近乎白色，仅肩部有一小块黑色

头颈部红色暗于勺嘴鹬及红颈滨鹬

55c 繁殖羽与勺嘴鹬、红颈滨鹬－4月/江苏/Gerhard Braemer（德国）

①体型略大于勺嘴鹬及红颈滨鹬，喙也较长而厚重

②常呈现较大的个体差异，有的红黑相间似勺嘴鹬及红颈滨鹬，有的仅在肩背部出现黑色羽毛而整体仍似非繁殖羽

③头颈部红色暗于勺嘴鹬及红颈滨鹬

55d 繁殖羽－5月/江苏/李作为

①常与其他鸻鹬混群但也喜欢集成单一种类的小群

②更加接近完全繁殖羽但仍有很大个体差异，雄性背部较雌性多红色，但两性羽色差异仅在一个繁殖对内容易
区别

翼上白色
带较宽

55e 繁殖羽－5月/江苏/腾腾

属小型滨鹬，体型与黑腹滨鹬、翻石鹬接近，略大于红颈滨鹬、阔嘴鹬，明显小于灰斑鸻
腰不伸出于尾后，翼上白色带较宽

56 红颈滨鹬

（hóngjǐngbīnyù） Red-necked Stint *Calidris ruficollis*
体长 / 13—16厘米　翼展 / 29—38厘米　体重 / 16—51克
IUCN受胁等级 / 近危（NT）

外观：似小滨鹬的小型滨鹬，仅体型略大，身体轮廓后部较长，胫略短。喙黑色，短而直，比小滨鹬的喙略粗壮而喙端显钝。完全繁殖羽的个体头胸部的红色面积较大，由脸、颈侧覆盖至胸前，似三趾滨鹬而非小滨鹬。但其色彩淡于三趾滨鹬。注意与过渡羽色的三趾滨鹬的体型及喙的厚重程度的差异。非繁殖羽的个体上体呈灰褐色，深色羽轴较小滨鹬的窄。在光线不佳时，过渡羽色的红颈滨鹬胸部会呈现灰色而似青脚滨鹬，需注意青脚滨鹬的尾较长因而身体轮廓后部更长。

习性：繁殖于苔原，迁徙及越冬时多见于沿海滩涂湿地，也见于内陆湿地。觅食主要在较湿的泥滩，但也可在远离水面的较干的泥滩，用其短小的喙在表面啄食，因而喙端会粘泥而看似勺嘴鹬。常集大群，群体数量由数十至上万。

分类与分布：单型种。主要繁殖于西伯利亚中东部，也有少量繁殖于阿拉斯加西部。少量越冬于我国南方，主要越冬于东南亚至澳大利亚的沿海。迁徙时少量个体经过新疆及青藏高原，大部经我国东部沿海地区时在多个地点常可见到大数量的集群，为东部最常见的鸻鹬类之一。

参考文献：1—29

喙短小

56a 幼鸟-8月/辽宁/张明
①喙短小，身形平趴
②年龄判断基于上体羽毛整齐划一，肩背部黑色羽毛具白色或栗色的浅色羽缘，翼覆羽及三级飞羽则较淡，侧暖色

6b 繁殖羽－5月/内蒙古/张明
脸及喉部均为艳丽的橙红色

灰褐色，比勺
嘴鹬的色彩深

c 非繁殖羽与勺嘴鹬（中）－9月/江苏/Alec Gillespie（澳大利亚）
体型略小于勺嘴鹬
羽色变为灰褐色，比勺嘴鹬的色彩深

57 小滨鹬

（xiǎobīnyù） **Little Stint** *Calidris minuta*

体长 / 12－17厘米 翼展 / 28－37厘米 体重 / 17－44克
IUCN受胁等级 / 无危（LC）

外观： 极似红颈滨鹬。体型仅略小于红颈滨鹬，喙略细小而尖，身体后部轮廓较短，胫部略长。繁殖羽脸颊及胸侧具少量红色，胸侧红色中具细纵纹，不似红颈滨鹬头胸部的红色面积大而纯。非繁殖羽上体深色羽轴比红颈滨鹬的略宽。幼羽的翼覆羽色彩较艳丽，与背及肩羽对比不如红颈滨鹬幼羽的强烈，背部白色的"V"字形条纹更显著。

习性： 繁殖于北极高纬度的近海边的低海拔苔原。迁徙经内陆及沿海的湿地，越冬主要于沿海。集小至大群。觅食动作似红颈滨鹬，快速啄食于泥滩或浅水的表面。

分类与分布： 单型种。繁殖于欧洲斯堪的纳维亚北部至俄罗斯北部，越冬于非洲至南亚。迁徙经我国北方及东南沿海省份，在新疆的记录较多。

参考文献：1－29

57a 幼鸟－9月/江苏/陈青骞
①形态上与红颈滨鹬极似。体型略小、喙细小而尖、腿长、身体后部轮廓较短等特征在与红颈滨鹬一起时有时可以看出差别，单独一只时则很难察觉
②幼鸟羽色似红颈滨鹬但翼覆羽的图纹及色彩更似肩羽，与肩羽反差不大，背部白色"V"字形更显著

翼覆羽与肩羽反差不大

57b 幼鸟与红颈滨鹬幼鸟（右）－9月/江苏/陈青骞
①与图57a中为同一个体，在特定角度下反而显得比红颈滨鹬还大
②与红颈滨鹬幼鸟羽色差异明显

7c 幼鸟与长趾滨鹬（左）及红颈滨鹬幼鸟（右）－9月/江苏/章麟

与图57b中为同一个体，比长趾滨鹬大而腿短，身形更平趴

7d 幼鸟－8月/新疆/邢睿

侧个体羽缘色彩较淡而似红颈滨鹬幼鸟，且其姿势使其看起来较瘦而身体后部轮廓较长，但喙形与左侧个体相，仍为小滨鹬

57e 第一冬羽－11月/新疆/邢睿
上体灰色似成鸟非繁殖羽，但翼覆羽浅色羽缘较宽，仍为幼羽

喉白，胸侧略红

57f 繁殖羽－4月/河北/陈建中
繁殖羽脸及胸部橙红色不如红颈滨鹬发达，喉白，胸侧略红，翼覆羽及三级飞羽的红色也较多

7g 繁殖羽与剑鸻（左）－5月/新疆/邢睿

本型小于剑鸻

7h 繁殖羽与环颈鸻－5月/新疆/邢睿

小于环颈鸻，翼上白色带明显，脚不伸出于尾后

181

57i 8月/新疆/邢睿

红颈滨鹬幼鸟/张明

翼覆羽与肩羽反差较大

小滨鹬幼鸟/陈青骞

翼覆羽与肩羽反差不大

红颈滨鹬繁殖羽/张明

脸及喉部均为艳丽橙红色

小滨鹬繁殖羽/陈建中

脸及胸部不艳丽,喉白

58 青脚滨鹬

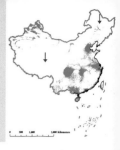

（qīngjiǎobīnyù） Temminck's Stint *Calidris temminckii*
体长 / 13—15厘米　翼展 / 34—37厘米　体重 / 15—36克
IUCN受胁等级 / 无危（LC）

外观：形态似红颈滨鹬但身体后部轮廓较长，站立时尾突出于翅后，因而站姿更显低矮。喙略下弯。腿黄绿色。非繁殖羽上体灰色较暗，胸部完整的灰色胸带与白色腹部呈对比。繁殖羽与非繁殖羽相比变化不大，主要在肩背部出现一些中央深色而边缘栗色的羽毛。飞行时外侧尾羽白色明显，有别于其他小型滨鹬。

习性：繁殖于泰加林苔原和湖泊、河流边的草地。迁徙及越冬时主要见于内陆湿地，极少于潮间带滩涂。通常独处或集小群。惊飞时迅速扭转高飞，觅食时动作较缓慢而有别于红颈滨鹬/小滨鹬。

分类与分布：单型种。繁殖于北欧至俄罗斯东北部。迁徙经欧亚大陆至非洲及亚洲南部越冬。迁徙时见于我国各省，在南方沿海省份及云南有少量越冬。

参考文献：1—29

喙短，略下弯

尾长于翼尖

58a 幼鸟－8月/新疆/邢睿
①喙短，略下弯，腿黄绿色，尾长于翼尖
②年龄判断基于上体较小、具深色锚状斑及清晰浅色边缘的羽毛

胸主要为较深的灰色

3b 繁殖羽－5月/新疆/邢睿

体及胸主要为较深的灰色，上体出现具黑色及栗色图纹的繁殖羽的程度具较大的个体差异，脸部也变红褐色

上体色深于矶鹬

非繁殖羽与矶鹬（右下）－2月/福建/李晶

体型小于矶鹬

冬体呈平淡的深灰色，上体色深于矶鹬

外侧尾羽白色明显

58d 非繁殖羽－11月/浙江/戴美杰
①外侧尾羽白色较其他类似小型滨鹬明显
②翼上具狭窄白色带

58e 成鸟过渡羽－9月/浙江/戴美杰
在更替内侧初级飞羽，旧的外侧4枚初级飞羽和二级飞羽还未脱落

186

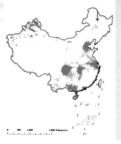

59 长趾滨鹬

（chángzhǐbīnyù） Long-toed Stint *Calidris subminuta*

体长 / 13—16厘米　翼展 / 26—35厘米　体重 / 20—37克

IUCN受胁等级 / 无危（LC）

外观： 体型虽略小于红颈滨鹬但身体轮廓比例更似林鹬——头小、颈长、腿长、身体后部较短，因而站姿较挺拔。羽色似尖尾滨鹬，需注意体型的差异。繁殖羽顶冠橙红色较显著，胸口橙色混有细纵纹，此纵纹不似尖尾滨鹬般向胁部延伸且不具"心形"斑。三级飞羽较长，站立时初级飞羽不突出于三级飞羽。飞行时脚略伸出于尾后。

习性： 繁殖于北极及泰加林区的多草沼泽及山地苔原。迁徙及越冬主要于内陆湿地，较少至潮间带滩涂。觅食时步速缓慢，因腿长而身体下俯较其他小型滨鹬明显。

分类与分布： 单型种。分散繁殖于西伯利亚中西部至东部，越冬于南亚、东南亚，少量于澳大利亚。迁徙时经我国大部，并于南方沿海省份越冬。

参考文献： 1—29

趾较长

a 幼鸟－8月/辽宁/张明

头颈较细长，趾较长而得其名，身体后部轮廓较短

年龄判断基于上体较小、排列整齐并具白色或浅橙色边缘的羽毛

59b 第一冬羽－10月/福建/董国泰
色彩平淡，似非繁殖羽但仍保留有幼羽的翼覆羽及三级飞羽

59c 繁殖羽－5月/河北/杨华
①典型的高挑站姿
②上体羽毛比幼鸟的大，繁殖羽的艳红色多

59d 飞行－8月/浙江/陈青骞

59e 飞行－8月/浙江/陈青骞

①腿长，飞行时会伸出于尾后

②翼下白色，翼上无明显白色带，尾上覆羽两侧白色而尾羽灰色

○f 非繁殖羽与青脚滨鹬（左）－2月/福建/李晶

体型略小于青脚滨鹬

青脚滨鹬翼上白色带及白色外侧尾羽均较长趾滨鹬显著

60 斑胸滨鹬

（bānxiōngbīnyù） Pectoral Sandpiper *Calidris melanotos*
体长 / 19—23厘米　翼展 / 37—49厘米　体重 / 31—126克
IUCN受胁等级 / 无危（LC）

外观：体型似尖尾滨鹬但身体后部轮廓略长，腿略短，喙略长。站姿常挺拔如缩小版的流苏鹬。胸口致密纵纹延至上胸就戛然而止，并且纵纹在胸部中央形成一个尖角突出至下胸，与白色的下胸边界明显。此特征有别于尖尾滨鹬。白色眼圈不如尖尾滨鹬显著。雄性繁殖羽胸口的纵纹比雌性更粗显，并在繁殖地时形成一下垂的喉囊。

习性：繁殖于潮湿的尤其是沿海的北极苔原。迁徙及越冬于多草的湿地，较少至开阔的滩涂。觅食动作似尖尾滨鹬。常发现其混于尖尾滨鹬群中。雄性繁殖期会移动短至长距离（可达上万千米），与不同的雌性交配，由雌性负责孵化及抚育幼雏。

分类与分布：单型种。繁殖于俄罗斯西伯利亚北部向东至北美洲北部。迁徙经美洲至南美洲越冬。过境时偶见于我国东部。于新疆等地可能为迷鸟。

参考文献：1—29，55，76

60a 幼鸟－9月/
辽宁/王乘东
①外观似尖尾滨鹬，喙略长而下弯，胸口纵纹与白色腹部边缘清晰
②年龄判断基于上体较小的、整齐排列的羽毛

胸口纵纹与白色腹部边缘清晰

60b 幼鸟－9月/
辽宁/王乘东
与图60a为同一个体，胸口纵纹与白色腹部边缘清晰

眼圈常不如尖尾滨鹬明显

0c 繁殖羽与尖尾滨鹬（右）－4月/江苏/刘兵
①与尖尾滨鹬类似，个体间体型差异较大。此个体体型较小，胸部纵纹较稀疏，可能为雌性
②眼圈常不如尖尾滨鹬明显，顶冠色彩不如尖尾滨鹬艳丽

0d 繁殖羽与尖尾滨鹬－5月/江苏/刘兵

60e 雄鸟繁殖羽—6月/美国/Ben Lagasse（美国）
雄性求偶炫耀时喉囊比尖尾滨鹬凸显，尾上翘的动作似尖尾滨鹬，仅在尾羽展开时可见其与尖尾滨鹬的"尖尾"的差异

繁殖羽时雄鸟胸部的纵纹比雌鸟致密

60f 雄鸟繁殖羽—6月/美国/Ben Lagasse（美国）
繁殖羽时雄鸟胸部的纵纹比雌鸟致密

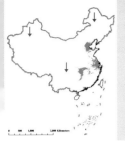

61 尖尾滨鹬

（jiānwěibīnyù） Sharp-tailed Sandpiper *Calidris acuminata*

体长 / 17－22厘米　翼展 / 36－48厘米　体重 / 39－114克

IUCN受胁等级 / 无危（LC）

外观：体型略大于黑腹滨鹬。颈短，喙短而直。非繁殖期上体为单调的灰褐色，羽缘浅色，顶冠浅栗色，胸口具稀疏的纵纹。较似放大版的长趾滨鹬。繁殖羽上体羽缘栗红色，顶冠转变为鲜艳的橙红色，胸口淡橙色且有很多心形或"V"字形的斑纵向延伸至胁部。个体间有时体型差异颇显著。

习性：繁殖于亚北极的苔原地区有潮湿低矮植被的小山丘。迁徙及越冬于内陆及沿海的各种湿地。常集小群，但有时群集数量上千。觅食步态较稳。

分类与分布：单型种。繁殖于西伯利亚东北部，大部分迁徙至澳大利西亚越冬。迁徙时见于我国大部但主要于中东部，少量越冬于海南及台湾。

参考文献：1－29

a 幼鸟－9月/浙江/陈青骞

喙短而直

年龄判断基于上体较小的、排列整齐的深色并具清晰浅色边缘的羽毛，胸口淡橙色并具非常细小的纵纹

各羽色均具橙红色的顶冠，白色眼圈显著

61b 非繁殖羽－8月/辽宁/张明
整体色彩较平淡，下体无明显纵纹

胸部纵纹向后变为"V"字
形斑并延至两胁

61c 繁殖羽－7月/辽宁/张明
上体、顶冠及胸部色彩艳丽，胸部纵纹向后变为"V"字形斑并延至两胁

身体重心偏前胸

1d 繁殖羽与黑腹滨鹬（中）－4月/江苏/腾腾
①体型略大于黑腹滨鹬但个体差异较大，脚略伸出于尾后
②身体重心偏前胸而黑腹滨鹬重心则偏于腹部

尾羽较尖

e 繁殖羽－5月/山东/李宗丰
羽较尖而得其名，由中央至外侧逐渐变短，而斑胸滨鹬外侧尾羽则突然变短

195

62 弯嘴滨鹬

（wānzuǐbīnyù） Curlew Sandpiper *Calidris ferruginea*
体长 / 18—23厘米　翼展 / 38—46厘米　体重 / 35—117克
IUCN受胁等级 / 近危（NT）

外观：身材较高挑的小型滨鹬，喙及腿黑色。喙较长且均匀的向下弯曲。与黑腹滨鹬相比，其颈较长，胫也较长，站姿更挺拔。繁殖羽头颈至腹部锈红色，尾下白色。各羽色均具白色的腰而在飞行时有别于黑腹滨鹬。

习性：繁殖于苔原，迁徙及越冬于沿海滩涂、内陆湖泊及一些人工湿地。觅食时较常走动，快速地将喙插入泥下探寻或在泥滩表面捡拾食物。有时会涉入较深的水中，用长喙探入水下的泥中。

分类与分布：单型种。主要繁殖于西伯利亚北部的沿海地带，越冬于非洲撒哈拉沙漠以南至亚洲南部及澳大利西亚。迁徙时经过西欧沿海、东欧至西伯利亚的内陆地带。经我国时少量见于新疆及青藏高原，而在某些东部沿海地带则可见数千的大群。少量越冬于我国南方。

参考文献：1—29, 56

**62a 幼鸟－8月/
新疆/邢睿**
①喙长而均匀下弯，腿长
②年龄判断基于上体羽毛较小、排列整齐且具明显浅色羽缘，胸部皮黄色

喙长而均匀下弯

62b 非繁殖羽－4月/浙江/陈青骞
上体褐色，有少量新羽长出

196

雄　雌

2c 繁殖羽与红颈滨鹬（前景）－5月/内蒙古/张明

①属中型滨鹬，比红颈滨鹬等小型滨鹬体型略大，但腿长使其更显高大

②左侧个体下体栗色较浓而纯，上体红色较多，喙较短，为雄性；中间个体体型略大，喙更长，下体栗色略淡且具白色横斑，上体红色也较少，为雌性；右侧个体依据喙长判断为雄性，未换为完全繁殖羽因而栗色最淡

尾上覆羽白

d 幼鸟－8月/浙江/钱斌

飞行时脚伸出于尾后

尾上覆羽白色，翼上具白色带

63 黑腹滨鹬

（hēifùbīnyù） Dunlin *Calidris alpina*

体长 / 16—22厘米　翼展 / 32—44厘米　体重 / 33—85克
IUCN受胁等级 / 无危（LC）

　　外观：身体较短胖的小型滨鹬，喙及腿黑色。喙较长且前端向下弯曲。与弯嘴滨鹬相比，其颈较短，胫也较短，因而站姿不如其高挑。繁殖羽下体白色，颈侧至上胸具黑色纵纹，下胸至两腿间具黑色斑块并因此得其中文名。非繁殖羽下体近白而黑色斑块消失。亚种间在外观上差异较小，野外通常难以区分。

　　习性：繁殖于苔原，迁徙及越冬于沿海滩涂、内陆湖泊及一些人工湿地。常集大群，群体数量可达数百至上万，集群飞行时上下左右扭转腾挪。觅食时步速较稳定，快速地将喙端插入泥下探寻或在泥滩表面捡拾食物。

　　分类与分布：世界范围内共有10个亚种。环北极圈繁殖，其中*sakhalina*、*actites*与*kistchinsk*亚种繁殖于西伯利亚，*arcticola*亚种繁殖于阿拉斯加及加拿大，迁徙及越冬于我国东部及南部。*centralis*亚种繁殖于西伯利亚东北部，迁徙时经过新疆及青藏高原至南亚及以西越冬。迁徙经过我国东部沿海地区时在多个地点常可见到大数量的集群，为东部最常见的鹬鹬类之一。

　　参考文献：1—29, 57—61

63a 幼鸟-9月/新疆/邢睿

①喙较长，近端部下弯
②年龄判断基于顶冠及上体深色羽毛具栗色羽缘，羽毛较小而尖，胸口具稀疏的纵纹但在腹部不形成完整的斑块
③上体有少量灰色的第一冬羽长出，与幼羽对比强烈

喙较长　近端部下弯

大而圆的灰色第一冬羽

63b 幼鸟-9月/江苏/腾腾

①翼覆羽排列整齐，羽缘较上图个体更加磨损并且几乎不显现栗色
②肩羽中新长成的大而圆的灰色第一冬羽与小而尖的黑色幼羽对比更明显

3c 第一冬羽－12月/福建/张明

上体已呈较均匀的灰色而似成鸟非繁殖羽，但仍保留了幼羽的翼覆羽等。右侧个体的一些羽毛仍更偏幼羽

3d 非繁殖羽－9月/江苏/腾腾

与第一冬羽的区别为翼覆羽为新羽，较大而圆，与同样为新羽的肩羽反差不大

胸腹部黑色斑块

63e 繁殖羽－5月/辽宁/张明
顶冠及上体深栗红色具黑色点斑，白色胸腹部黑色斑块显著

63f 非繁殖羽与红颈滨鹬、阔嘴鹬等－7月/福建/曲利明
①常集大群。飞行时翼上具白色带
②脚不伸出于尾后。为小型滨鹬，但仍比红颈滨鹬、阔嘴鹬等略大

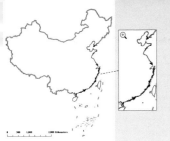

64 勺嘴鹬

（sháozuǐyù） Spoon-billed Sandpiper *Calidris pygmaea*

体长 / 14—16厘米　翼展 / 35—38厘米　体重 / 29—34克

IUCN受胁等级 / 极危（CR）

外观：似红颈滨鹬的小型滨鹬，但体型略大，头部略大，身体轮廓后部较短，腿较长。喙端部呈扁平的铲状。侧面看时，喙端铲状几乎不可见而略显上翘；喙长于红颈滨鹬，且喙基至喙端均较厚重，而红颈滨鹬的喙则由喙基迅速缩小至喙尖且整体显单薄。三趾滨鹬的喙也较厚重，需注意其体型明显大于勺嘴鹬。

完全繁殖羽的个体头胸部的红色浓于红颈滨鹬而淡于三趾滨鹬。此特征在春季迁徙晚期（5月中下旬）时较明显。在过渡羽色时仅应用此特征较难进行有效辨识，但在春季迁徙早期（4月上中旬）红颈滨鹬更早向繁殖羽过渡，因而此时若见到头胸部呈亮丽红色的小型滨鹬，则其为红颈滨鹬的可能性更大；而在秋季迁徙早期（7月下旬至8月上中旬），红颈滨鹬更早向非繁殖羽过渡，因而此时胸部亮丽红色的个体为勺嘴鹬的可能性更大。

非繁殖羽的个体上体呈浅灰色，亮于红颈滨鹬的褐色但暗于三趾滨鹬的近白色。下体及额部通常比红颈滨鹬更显白。在光线较佳时勺嘴鹬甚至常呈白色而显著区别于红颈滨鹬。但在光线不佳时，勺嘴鹬也常呈灰褐色，需注意与周围其他小型滨鹬的体色进行比对，有些个体顶冠细弱纹线条接近"西瓜皮"样图纹较不鲜明的阔嘴鹬个体，且阔嘴鹬非繁殖羽上体也呈浅灰色，需注意阔嘴鹬身体轮廓后部较长而喙也长，因而整体瘦长并站姿平趴。

习性：繁殖于苔原，迁徙及越冬时则多见于沿海滩涂湿地。在繁殖早期若第一窝卵损失则会产下第二窝卵，因此允许保育人员采集第一窝卵用于人工抚育。由于其特殊的喙形，其觅食方式主要为在浅水中如吸尘器般左右或前后移动喙端滤食；或有时如沙锥般将喙抬离水面又竖直向下插入水中。因此在滩涂上觅食时并不常见与红颈滨鹬混群；勺嘴鹬更多出现在滩涂有积水处，而红颈滨鹬则常出现在滩涂表面较干燥处。另外红颈滨鹬更经常在勺嘴鹬较少光临的内陆湿地觅食。在高潮栖息时，勺嘴鹬偏好与略大的种类如黑腹滨鹬、沙鸻、三趾滨鹬等混群而并不总是与红颈滨鹬混群。

分类与分布：单型种，种群数量100—220个繁殖对。繁殖于俄罗斯极东北部近海岸地区。越冬于浙江以南至东南亚及南亚的沿海。迁徙时经过俄罗斯、日本、朝鲜半岛及中国的沿海地区，其中已知现存的最大迁徙种群在春秋两季经过江苏东台及如东。少量第一夏羽个体度夏于东台。我国的一些内陆及浙江以北的冬季记录较可疑。

参考文献：1—29，62—65，75

勺嘴

64a 幼鸟－9月/江苏/腾腾

①特征性的"勺嘴"

②上体羽毛为整齐划一的新羽，浅色羽缘明晰，因而整体呈"鳞片"状

③头顶色深，胸侧暖色

喙端的铲状于侧面几乎不可见

64b 繁殖羽，与红颈滨鹬、蒙古沙鸻、铁嘴沙鸻、黑腹滨鹬－4月/江苏/Ulf Ståhle（瑞典）
①注意与红颈滨鹬外形的差别以及较深红色的脸及胸部
②喙端的铲状于侧面几乎不可见而略上翘，喙整体比红颈滨鹬的更厚重
③繁殖羽的中央黑色而边缘浅色的肩羽比红颈滨鹬的略大，仅十近距离时可见

64c 成鸟过渡羽色－9月/江苏/李东明
①上体已大部分更换为非繁殖羽，羽色浅灰色，羽缘偏白色
②仍保留有部分繁殖羽色，如少量肩羽大部近黑色，脸至胸部暗红色，胸部具黑色点斑
③退潮后困于滩涂表面积水坑的小型生物为其主要食物来源之一，如虾、蟹等

▶4d 成鸟过渡羽色－9月/江苏/Markku Huhta-Koivisto（芬兰）

①上体换羽程度似上图，但非繁殖羽因光线原因在头部呈浅灰色而在翼上覆羽则呈褐色

②初级飞羽中，P1－P5新羽已生长完全，P6仍在生长中，P7旧羽已脱落而新羽还不可见；P8－P10为尚未脱落的
旧羽，其褐色明显区别于新羽的近黑色

③二级飞羽中，外侧几枚旧羽已脱落而新羽还不可见，内侧几枚旧羽尚未脱落

▶e 非繁殖羽－10月/江苏/Alec Gillespie（澳大利亚）

浅灰色的非繁殖羽

P1－P8已生长完全，P9仍在生长中，P10旧羽已脱落而新羽还不可见

64f 第一夏羽-6月/江苏/钱锋
①第一夏羽个体上体及头胸部会出现部分繁殖
羽色，通常不如成鸟鲜明，但个体差异极大
②此个体腿上带有编码旗标，通过查询得知其
为去年出生的幼鸟。该年龄的个体大部分不参
与繁殖，少量会成功繁殖。此个体虽已着完全
繁殖羽，但没有参与当年的繁殖

64g 第一冬羽-12月/广东/李作为
为图64f中个体在前一年的状态

64h 第一夏羽-6月/江苏/钱锋
环志于堪察加的个体

64i 第一夏羽-9月/江苏/李东明
为图64h中个体在同一年秋季的状态

64j 第一夏羽－6月/江苏/李东明

此环志个体也为去年出生的幼鸟，基本似非繁殖羽且较早开始更替初级飞羽

喙端粘泥

64k 红颈滨鹬－8月/江苏/Ben Lagasse（美国）

意喙端粘泥的小型滨鹬常在侧面呈现似"勺嘴"的喙端，而勺嘴鹬的喙端铲状在侧面基本不可见

641 非繁殖羽与红颈滨鹬、三趾滨鹬、环颈鸻、蒙古沙鸻、黑腹滨鹬—10月/江苏/Alec Gillespie（澳大利亚）

①体型介于红颈滨鹬与三趾滨鹬之间

②注意上下体颜色与红颈滨鹬及三趾滨鹬的对比

③红颈滨鹬等小型滨鹬喙端粘泥，或者如此图中喙端背景或前景里有其他物体造成困扰时，需结合其他特征辨

鹬

红颈滨鹬

65 阔嘴鹬

（kuòzuǐyù） Broad-billed Sandpiper *Limicola falcinellus*

体长 / 16－18厘米　翼展 / 34－39厘米　体重 / 24－68克
IUCN受胁等级 / 无危（LC）

外观： 比红颈滨鹬略大且身形更长。喙更长，在近端部突然向下弯折。腿短，站姿低矮。头顶具深浅相间的"西瓜皮"纹样似中杓鹬。非繁殖羽上体浅灰色与勺嘴鹬相近，需注意其较低矮的姿态，更鲜明的顶冠图纹及略长的喙。

习性： 繁殖于潮湿的高地与泰加林中的池沼及极地苔原。迁徙时见于内陆及沿海各种湿地。越冬于沿海地区。觅食动作较缓慢。常集数十至数百的小群。

分类与分布： 世界范围内共有2个亚种。其中指名亚种繁殖于斯堪的纳维亚至俄罗斯西部，越冬于非洲至南亚，迁徙时见于新疆。*sibirica*亚种繁殖于西伯利亚东部靠近河口的小范围内，主要越冬于东南亚及澳大利亚西亚。迁徙时见于我国东部，少量越冬于南方（北可至江苏）。迁徙经青海的亚种可能为两者之一或两者皆有。

参考文献： 1－29

喙长且近端部向下扭

65a 幼鸟与青脚滨鹬（下）－9月/江苏/章麟
①体型比青脚滨鹬略大，身体轮廓较长而显平趴，翼尖突出于尾后，喙长且近端部向下扭
②年龄判断基于上体较小且排列整齐的羽毛具宽阔的白色羽缘

头部具"西瓜皮"

65b 幼鸟－8月/浙江/陈青骞
①喙由基部至端部均较宽而得其名
②头部具"西瓜皮"样图纹

65c 非繁殖羽与红颈滨鹬（左及背景）－8月/浙江/陈青骞

①比红颈滨鹬腿略长，身体后部轮廓也长

②整体呈平淡的浅灰色。左侧展翅个体翅膀上羽毛排列整齐，可能为第一冬羽

5d *sibirica* 亚种繁殖羽－4月/台湾/林月云

.体红黑相间并具白色的宽阔羽缘

65e 指名亚种繁殖羽－8月/新疆/马光义
与*sibirica*亚种相比上体羽毛鲜明的红色较少而黑色较多，整体显得较暗。类似的，幼鸟也比*sibirica*亚种整体偏暗

65f 成鸟－8月/江苏/Ben Lagasse
①脚趾仅略微伸出于尾后
②在更替飞羽、翼覆羽及肩羽

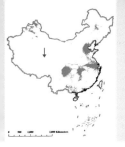

66 流苏鹬

（liúsūyù） Ruff *Philomachus pugnax*

体长 / 20－32厘米　翼展 / 46－60厘米　体重 / 70－254克

IUCN受胁等级 / 无危（LC）

外观： 体型较大，腿长、颈长但喙短而略下弯的鹬。轮廓似放大版的林鹬。非繁殖羽两性羽色相近，但雄性体型通常大于雌性。繁殖羽时雄性具3种羽色。最典型的"独立型"具可竖立的冠羽及颈部翎羽等饰羽，颜色组合多样，有栗、黑、白色等。少部分为"卫星型"，饰羽主要为白色。两者均具橙色的脸部裸皮，喙也变为鲜艳的橙红色。第三种"菲德尔型"外观及体型似雌性，脸部不具裸皮，喙色偏黑，上体羽毛黑色比非繁殖羽时显著。飞行时尾上覆羽两侧的白色斑显著，脚明显突出于尾后。

习性： 繁殖于泰加林、山坡、苔原的池沼及湖边和海滨的潮湿草地。雄性在繁殖炫耀场地集群进行"打斗"以吸引雌性。"独立型"打斗积极，并允许体型略小的"卫星型"加入以期吸引更多雌性。"菲德尔型"则假扮雌性混入。后两者均会与"独立型"假交配并伺机与被吸引来的雌性交配。迁徙及越冬于内陆及沿海湿地。觅食时步态稳健，背部羽毛常耸起。

分类与分布： 单型种，有建议将其置于*Calidris*（滨鹬）属。繁殖于欧亚大陆北部，越冬于非洲至亚洲南部。迁徙时见于我国大部，少量越冬于南部沿海。

参考文献： 1－29，66

66a 幼鸟－10月/新疆/邢睿
①体型高挑
②年龄判断基于上体较小、较整齐的羽毛，浅色羽缘清晰，脸至胸腹部皮黄色

66b 非繁殖羽－12月/四川/董磊
①整体灰褐色
②雌雄体型差异较大，此个体头较小而圆，可能为雌性

66c 独立型雄性与黑翅长脚鹬（背景）及林鹬（右）—5月/内蒙古/张明
头颈部不具繁殖饰羽时轮廓似放大版的林鹬，而此时头颈羽毛已非常蓬松

卫星型头颈多白色

66d 独立型雄性（右）与卫星型雄性（左）—4月/辽宁/张明
卫星型头颈多白色

尾上覆羽两侧白色

66e **雌鸟繁殖羽与鹤鹬（背景）－4月/山东/李宗丰**
①雌鸟个体较小
②脚伸出于尾后，尾上覆羽两侧白色明显

66f **菲德尔型雄鸟与鹤鹬（前景）与某沙锥（背景）－4月/山东/李宗丰**
羽色似雌鸟，但体型较大而粗壮，与鹤鹬体型相近

66g 雄鸟与雌鸟－4月/山东/李宗丰

雄鸟体型明显大于雌鸟

66h 独立型雄鸟－5月/新疆/张国强

雄性繁殖羽个体差异极大。颈部饰羽膨起

66i 独立型雄鸟－5月/新疆/张国强

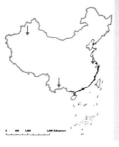

67 红颈瓣蹼鹬

（hóngjǐngbànpǔyù） Red-necked Phalarope *Phalaropus lobatus*

体长 / 16—20厘米　翼展 / 30—41厘米　体重 / 20—48克

IUCN受胁等级 / 无危（LC）

外观：颈长、头小、喙细似针的小型鹬。短腿常没于水下而不易见。趾具瓣蹼。繁殖羽雌性上体深灰色，眼后至颈侧、上胸具栗红色带，背及肩具橙色带。雄性似雌性但不如其艳丽。非繁殖羽上体浅灰色，眼后黑色。

习性：繁殖于苔原的池沼，雌性求偶炫耀而雄性负责养育后代。迁徙时见于内陆及沿海的池塘或于海上。越冬于海上。喜好在水中打转游动觅食，不惧人。很少见其上岸行走。常集小群，且在某些特别地点数量可达上百万。

分类与分布：单型种。繁殖于欧亚大陆及北美的高纬度地带，越冬于太平洋及印度洋。迁徙时见于我国西部及东部。春季迁徙时于哈萨克斯坦的湖泊有70万只的记录。

参考文献：1—29

喙尖细

较长且平趴 兔水时身形

67a 幼鸟－9月/新疆/邢睿
①喜游泳，兔水时身形较长且平趴
②喙尖细、颈细长、头小
③上体羽毛深色具浅栗色或皮黄色羽缘，背部及肩部具明显的浅色线条，冠及耳羽色深

脚具瓣蹼

67b 幼鸟－9月/云南/韦铭
①体羽比上图中个体旧
②脚具瓣蹼

67c 幼鸟及第一冬羽（左）－9月/江苏/章麟
幼羽向第一冬羽转变较快，第一冬羽个体上体已长出浅灰色的似成鸟非繁殖羽的新羽

67d 成鸟过渡羽色与幼鸟－8月/江苏/韩永祥
①最右侧个体已基本换羽为成鸟非繁殖羽，上体浅灰色，额白色，仅颈后残余栗色
②颈部最红的个体为雌鸟，繁殖羽时雌鸟羽色较雄鸟艳丽，颈部红色面积大而色深

57e **雌鸟－5月/浙江/陈青骞**
头及上体灰色纯，颈部及背和肩羽的线条栗色较深

颈部红色面积较小且色淡

7f **雄鸟－6月/美国/Ulf Ståhle（瑞典）**
体灰色不如雌鸟纯，肩背部多褐色，颈部红色面积较小且色淡

67g 幼鸟－8月/新疆/邢睿
与游泳时纤细的身姿不同，飞行时身体显圆胖而头小

67h 幼鸟－9月/新疆/邢睿
①飞行时脚不伸出尾后，头颈略抬起
②翼上白带明显

68 灰瓣蹼鹬

（huībànpǔyù） **Red Phalarope** *Phalaropus fulicarius*

体长 / 20—22厘米　翼展 / 37—44厘米　体重 / 36—77克

IUCN受胁等级 / 无危（LC）

外观：似红颈瓣蹼鹬。体型略大，颈粗而头略大，喙短钝而不似针状。腿短，趾具瓣蹼，常没于水下而不可见。繁殖羽雌性脸白而顶冠黑，下体深栗色，上体黑色并具橙色羽缘。雄性色彩略暗淡。非繁殖羽似红颈瓣蹼鹬但上体灰色较淡。幼羽向第一冬羽转换比红颈瓣蹼鹬早，在红颈瓣蹼鹬仍着鲜明的幼羽时，灰瓣蹼鹬上体已具大量似成鸟非繁殖羽的浅灰色羽毛。

习性：似红颈瓣蹼鹬。迁徙及越冬时比红颈瓣蹼鹬更远离海岸线。在海上大风后可偶尔出现于沿海及内陆湿地。

分类与分布：单型种。繁殖于北美洲、俄罗斯及欧洲高纬度地区，迁徙经海上，越冬于太平洋及大西洋。在我国内陆及沿海偶见，常仅为单只个体，仅在较远离海岸处有少量小群记录。

参考文献：1—29，67

第一冬羽

喙比红颈瓣蹼鹬短粗

68a 幼鸟（第一冬羽）—11月/河北/张明

①喙比红颈瓣蹼鹬短粗，头大、颈粗

②黑色并具清晰皮黄色羽缘的翼覆羽及三级飞羽为幼羽

③幼鸟换羽非常早，在秋季迁徙时基本可见到的个体均已将肩背部更替为第一冬羽

68b 幼鸟—9月/新疆/邢睿

①比图68a中个体着更多幼羽，颈部粉色较多，肩背部仍有较多幼羽

②除游泳觅食外也会如其他鹬般在水中行走

219

68c 幼鸟－9月/新疆/邢睿

①与图68b中为同一个体。翼上白色带比红颈瓣蹼鹬宽

②胸部比红颈瓣蹼鹬厚实，但在此图中不易见

68d 非繁殖羽与青脚鹬（右）－2月/上海/张雪寒

①游泳时除了头颈比红颈瓣蹼鹬粗，因胸部较厚而身体兔于水上部分更高

②上体灰色比红颈瓣蹼鹬的非繁殖羽更纯

68e 非繁殖羽－2月/浙江/赵锷
颈部缩起时也会显得身姿兔于水面较平趴

喙从正面看比
红颈瓣蹼鹬宽

8f 雌鸟－6月/美国/Ulf Ståhle（瑞典）
喙从正面看比红颈瓣蹼鹬宽，颜色与非繁殖羽不同
我国较少见繁殖羽

68g 雄鸟－6月/美国/Ulf Ståhle（瑞典）
头顶黑色及下体至颈部的红色不如雌鸟纯，脸也不如其白

厚实的胸部

68h 雌鸟－6月/美国/Ulf Ståhle（瑞典）
厚实的胸部从此角度可见

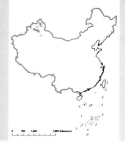

69 领燕鸻

（língyànhéng） Collared Pratincole *Glareola pratincola*

体长 / 22—28厘米 翼展 / 60—70厘米 体重 / 60—98克

IUCN受胁等级 / 无危（LC）

外观： 似普通燕鸻。尾羽长，站立时可达翼尖。飞行时似普通燕鸻但尾叉更深，翼后缘具狭窄白色。

习性： 似普通燕鸻。

分类与分布： 世界范围内共有3个亚种。繁殖于欧洲南部至中亚及南亚，越冬于非洲。其中指名亚种繁殖于我国新疆西部至欧洲，越冬于非洲。

参考文献： 1—29

尾叉明显长而深

69a 幼鸟－9月/哈萨克斯坦/Vassiliy Fedorenko（哈萨克斯坦）

①比普通燕鸻尾叉明显长而深，在此幼鸟身上仅比翼尖略短

②浅灰色并具较宽浅色羽缘的幼羽已部分被深灰色并具狭窄浅色羽缘的第一冬羽替代

③与普通燕鸻类似，幼鸟较早开始更替初级飞羽，内侧大部分已更替的近黑色的新羽与具白色羽轴的褐色的较旧的P10呈对比

黑眼雄色先鸟

69b 雄鸟－5月/新疆/黄亚慧

①繁殖羽似普通燕鸻，但尾羽更长，在成鸟中突出于翼尖之后

②性别差异不大，通常繁殖羽雄鸟眼先黑色，尾叉更深

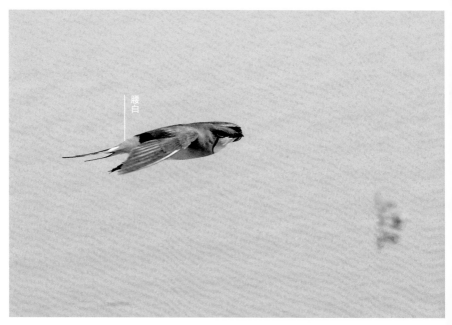

腰白

69c 繁殖羽－5月/新疆/沈越
飞行时腰白似普通燕鸻，但尾叉更深

二级飞羽后缘具狭窄白色

69d 雌鸟－5月/新疆/邢睿
①翼下栗色似普通燕鸻，但二级飞羽后缘具狭窄白色
②与黑色泪线相比，眼先偏褐色，应为雌鸟
③秋季更替内侧初级飞羽后会暂停换羽，之后一段时间再继续更替外侧初级飞羽，因而在春季内侧初级飞羽较外侧的磨损更甚而与之呈对比

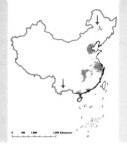

70 普通燕鸻

（pǔtōngyànhéng） Oriental Pratincole *Glareola maldivarum*

体长 / 23－24厘米　翼展 / 59－65厘米　体重 / 75－136克

IUCN受胁等级 / 无危（LC）

外观：似燕鸥的鸻鹬类，腿短、翅长，黑色的尾叉形。喙短，端部略向下钩。飞行时轮廓也似燕鸥，腰白，翼下覆羽栗色。

习性：繁殖、迁徙及越冬于开阔的短草地，有时近水边。常于空中飞行时捕食昆虫，也会在地面捕食。常集小至大群。

分类与分布：单型种。繁殖于俄罗斯贝加尔湖、蒙古、东亚至东南亚，越冬于东南亚至澳大利亚。印度种群主要为游荡型留鸟。在我国繁殖于东部沿海至东北，迁徙时经过除新疆、西藏外的大部地区，少量越冬于台湾及香港。在西北澳大利亚越冬的数量可达280万只，占其种群数量的大部。

参考文献：1－29，38，68

70a 幼鸟－7月/山东/于涛
①腿短、翅长，尾短于翼尖
②幼鸟换羽较早，上体一些具浅色羽缘及深色次端斑的幼羽已磨损并逐渐被新长出的色深且具不明显浅色羽缘的第一冬羽替代，内侧多枚初级飞羽已更替，与未更替的外侧初级飞羽呈对比

尖于尾
翼短

白色腰部

P4即将脱落

70b 幼鸟－6月/江苏/李晶
①飞行时白色腰部明显
②具浅的尾叉
③此个体比上图中的更年轻，刚开始更替内侧初级飞羽，P4即将脱落，而体羽大部还仍为具清晰浅色羽缘的幼羽

225

70c 繁殖羽－6月/福建/张浩
眼下黑色泪线延至胸前，喙基红色

70d 非繁殖羽－7月/福建/张浩
①眼下泪线色淡，喙基红色消失
②上体磨损的旧羽正在被色深且具浅色羽缘的新羽更替

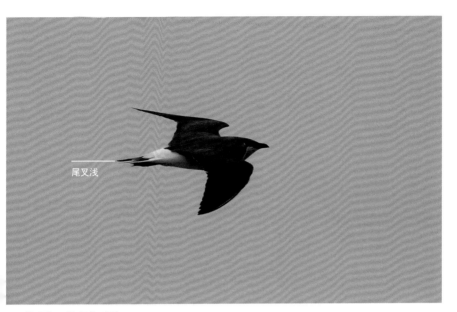

尾叉浅

70e 繁殖羽－6月/江苏/李晶

①与图70b中的幼鸟属同一个繁殖群体，成鸟尾叉较幼鸟略深，繁殖期后换羽较幼鸟开始得晚

②各特征均似领燕鸻但尾羽较短，显得尾叉浅，二级飞羽后缘有时具狭窄白边但不如领燕鸻明显

翼下覆羽栗色

70f 成鸟－9月/江苏/腾腾

①翼下覆羽栗色似领燕鸻

②内侧初级飞羽及外侧二级飞羽已更替为新羽。有些种群或个体会暂停换羽，待抵达越冬地后继续换羽

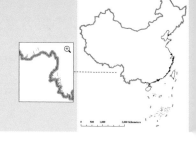

71 灰燕鸻

（huīyànhéng） **Small Pratincole** *Glareola lactea*

体长 / 16—19厘米　翼展 / 42—48厘米　体重 / 37—44克
IUCN受胁等级 / 无危（LC）

外观：形似普通燕鸻，但体型较小，上体为浅灰色。尾叉不深。飞行时翼下覆羽黑色，翼下及翼上具宽的白色翼带。腰至尾白色，尾中央近端部黑色。

习性：似其他燕鸻，但栖居于大河流及湖泊的沙洲及砾石滩。非繁殖期也见于河口及海滨沙地。

分类与分布：单型种。繁殖于印度次大陆至东南亚，部分为留鸟。在我国繁殖于云南南部、西南部及西藏东南部。

参考文献：1—29

喙短小

71a 幼鸟－6月/云南/董江天
①体型比普通燕鸻、领燕鸻等明显小，喙短小
②年龄判断基于具浅色羽缘并具深色次端斑的上体羽毛

71b 幼鸟—6月/泰国/Wanna Tantanawat（泰国）

与图71a中的个体相比羽毛磨损更甚。可能类似于其他燕鸻，幼鸟即较早开始换羽，内侧较黑的初级飞羽可能为新羽

1c 繁殖羽与非繁殖羽—1月/缅甸/李晶

繁殖羽与非繁殖羽差异不大，仅眼先黑色略淡、喙基红色暗淡

尾短、尾叉极浅

71d 繁殖羽－2月/云南/肖克坚
①尾短，尾叉极浅
②黑色翼下覆羽与白色二级飞羽对比强烈

71e 集群飞行－1月/缅甸/李晶
非繁殖期可集数百的小群

72 黄颊麦鸡

（huángjiámàijī） Sociable Lapwing *Vanellus gregarius*

体长 / 27—30厘米　翼展 / 70—76厘米　体重 / 150—260克

IUCN受胁等级 / 极危（CR）

外观： 腿及颈短于灰头麦鸡。整体沙褐色，喙及腿黑色。黑色顶冠与黑色眼线间具宽阔的白眉纹。繁殖羽腹部中央变为具黑色及栗色，非繁殖羽腹部白色。飞行时翼上图纹似灰头麦鸡，脚伸出于尾后。

习性： 繁殖于草原，迁徙及越冬于有草的农耕地及干燥平原。

分类与分布： 单型种。繁殖于中亚及西伯利亚西南部，越冬于非洲东北部至南亚。在我国仅有历史记录繁殖于新疆。近年则仅有一只迷鸟至河北滦南。

参考文献： 1—29

长而清晰的白眉纹

72a 幼鸟－7月/哈萨克斯坦/Alexey Timoshenko（哈萨克斯坦）
①长腿、长颈，长而清晰的白眉纹
②年龄判断基于上体较小而尖、排列整齐且具宽而清晰的皮黄色羽缘的羽毛

腹部斑块变黑

72b 雄鸟繁殖羽－5月/哈萨克斯坦/Alexey Timoshenko（哈萨克斯坦）
顶冠及腹部斑块变黑色，上体变灰色，脸颊变皮黄色而得其中文名

腹部斑块不如雄鸟色纯

72c 雌鸟繁殖羽与雄鸟－5月/哈萨克斯坦/Alexey Timoshenko（哈萨克斯坦）
雌鸟顶冠及腹部斑块不如雄鸟色纯，翼覆羽偏褐色而近非繁殖羽的色彩

72d 非繁殖羽－1月/阿曼/Tom Lindroos（芬兰）
①脚略伸出于尾后
②翼上内侧及尾白色面积较大，非繁殖羽时眉纹仍清晰

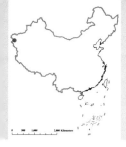

73 白尾麦鸡

（báiwěimàijī） **White-tailed Lapwing** *Vanellus leucurus*

体长 / 28－29厘米　翼展 / 55－70厘米　体重 / 99－198克

IUCN受胁等级 / 无危（LC）

外观：腿长、颈长而似灰头麦鸡。头颈至上体暖褐色，胸带灰色。飞行时长腿伸出于尾后似灰头麦鸡，但尾全白而得其中文名。

习性：喜好湖泊、河流、沟渠等有植被覆盖处。性羞怯，常隐于植被中至近距离才惊飞。

分类与分布：单型种。繁殖于东欧、中亚、中东及巴基斯坦西部，越冬于非洲东部至南亚。在新疆喀什有迷鸟记录。

参考文献：1－29

3a 成鸟－8月/新疆/丁进清

⬤ 腿长

⬤ 胸口色深

尾全白

73b 成鸟（与图73a为同一个体）—8月/新疆/丁进清
①尾全白
②翼上白色面积较大。在更替内侧飞羽

73c 成鸟—1月/阿联酋/Ulf Ståhle（瑞典）
长腿伸出于尾后

74 欧金鸻

（ōujīnhéng） European Golden Plover *Pluvialis apricaria*

体长 / 25－29厘米　翼展 / 53－76厘米　体重 / 140－312克

IUCN受胁等级 / 无危（LC）

外观：体型略小于灰斑鸻而大于金斑鸻。腿较金斑鸻短，颈粗而头大，喙略短。繁殖羽下体黑色延至腹部而不至尾下，与上体间的白色带在胸侧较金斑鸻窄但在胁部更干净。上体黑色更细小，三级飞羽黑黄相间的斑也细小而紧密。

习性：繁殖于苔原、山地、高地的牧场等。迁徙及越冬于草地、农耕地及沿海滩涂。常集小群。

分类与分布：单型种。繁殖于欧洲北部至西伯利亚西部。越冬于西欧、北非及中东。迷鸟记录于河北乐亭及香港，也可能出现于新疆等西部地区。

参考文献：1－29

头颈粗大，喙短

胸口深色斑呈清晰的点状并延伸至胁部及腹部

74a 可能的幼鸟与金斑鸻（左）－10月/香港/劳浚晖

①体型大于金斑鸻，胫部短，体型粗胖，头颈粗大，喙短

②年龄判断基于上体浅色点斑色较白，胸口深色斑呈清晰的点状并延伸至胁部及腹部。成鸟非繁殖羽外观与幼鸟/第一冬羽非常相像，年龄判断较困难，但成鸟换为非繁殖羽较早，而此时幼鸟/第一冬羽仍保留有些许幼羽特征

翼下白，腋羽白色

4b 可能的幼鸟－10月/香港/劳浚晖

图74a为同一个体。翼下白色，腋羽白色而有别于金斑鸻及灰斑鸻，翼上的白色带比灰斑鸻略窄但比金斑鸻显著

74c 雄鸟繁殖羽－6月/冰岛/Tom Lindroos（芬兰）
两性羽色相似，雄鸟的下体黑色比雌鸟更纯

某些个体翼上白色带特别粗显

74d 非繁殖羽/幼鸟－9月/芬兰/Tom Lindroos（芬兰）
①飞行时脚不伸出于尾后
②某些个体翼上白色带特别粗显

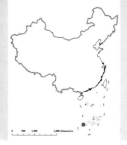

75 马来鸻

（mǎláihéng） Malaysian Plover *Charadrius peronii*

体长 / 14—16厘米　翼展 / 31厘米　体重 / 42克

IUCN受胁等级 / 近危（NT）

外观：似环颈鸻，体型略小。上体羽缘色浅，呈鳞片状。雄性胸侧的黑斑上延至颈后，并有时在胸前几乎相连。雌性胸侧斑为橙色而有别于环颈鸻。羽色一年当中基本无变化。

习性：喜沙质的海滩。不做长距离迁徙。常成对活动。

分类与分布：单型种。分布于东南亚的沿海地带。在我国南沙群岛有记录。

参考文献：1－29, 36

颈侧的黑色带在颈后相连

75a 雄鸟－1月/泰国/ Smith Sutibut（泰国）
①上体色浅，但羽缘更浅
②颈侧的黑色带向上延伸并在颈后相连

顶冠边缘橙色而中央浅沙色

75b 雌鸟－1月/泰国/ Smith Sutibut（泰国）
橙色胸带上缘有少量黑色，顶冠边缘橙色而中央浅沙色

76 红胸鸻

（hóngxiōnghéng） **Caspian Plover** *Charadrius asiaticus*

体长 / 18－20厘米　翼展 / 55－61厘米　体重 / 60－91克

IUCN受胁等级 / 无危（LC）

外观： 似东方鸻及沙鸻。腿长、喙细长、身体后部轮廓较长，比沙鸻更显高挑。喙先端不如沙鸻膨大，白色眉纹在眼后比沙鸻更显著。繁殖羽胸口栗色似东方鸻，但雄性胸带下方的黑色带窄于东方鸻。顶冠至颈后仍与上体同为褐色。眉纹、眼先至喉脸部白色面积大。飞行时腰至外侧尾羽不具沙鸻般大面积的白色。白色翼带不如沙鸻显著，仅于内侧初级飞羽基部，但比东方鸻显著。翼下白色有别于东方鸻。脚伸出于尾后。

习性： 繁殖于干燥的荒漠平原，迁徙及越冬于草地、农耕地等。可集小群。

分类与分布： 单型种。繁殖于里海至中亚，越冬于非洲东部。可能在我国新疆为罕见的过境鸟。在内蒙古有少量繁殖记录，与已知繁殖区相隔甚远，需要进一步确认。

参考文献： 1－29

76a 幼鸟－6月/哈萨克斯坦/Askar Isabekov（哈萨克斯坦）

①腿长、喙尖细

②年龄判断基于上体排列整齐、羽缘宽阔皮黄色的羽毛

胸带色彩鲜明

76b 雄鸟繁殖羽－3月/瑞典/Ulf Ståhle（瑞典）
栗色胸带及下边缘的黑色带较雌鸟色彩鲜明

翼下白色较多

76c 雄鸟繁殖羽－3月/哈萨克斯坦/Tom Lindroos（芬兰）
①脚略伸出于尾后
②翼下白色较多而有别于东方鸻。在更替内侧初级飞羽

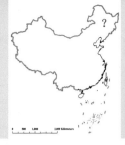

77 澳南沙锥

（àonánshāzhuī） Latham's Snipe *Gallinago hardwickii*

体长 / 23－33厘米　翼展 / 48－54厘米　体重 / 95－277克
IUCN受胁等级 / 无危（LC）

外观：为我国有分布的体型最大的沙锥属鸟类。体色为较浅的黄褐色，尤其是翼上覆羽浅皮黄色。飞行显沉重，短距离低飞后落入隐蔽处；脚略伸出尾后；翼后缘无白色。尾羽14－18枚（通常16或18枚），中央3－4枚明显宽于外侧数枚。外侧数枚的宽度似大沙锥，但色彩偏淡褐色而大沙锥的则偏灰色，图纹也有差异。

习性：繁殖于湿草地、开阔的林地边缘等处，常立于树桩、电杆顶部。炫耀飞行时较硬的外侧尾羽发出声响。迁徙及越冬于较低至较高的淡水池沼及溪流边缘。可由繁殖地做3－4天不停歇的飞行抵达越冬地。

分类与分布：单型种。繁殖于日本北部及邻近的俄罗斯小部分地区，迁徙经太平洋西部各岛屿至新几内亚及澳大利亚东部越冬，因此仅于我国台湾为罕见过境鸟，而在大陆东部为迷鸟。

参考文献：1－29，70－73

77a 成鸟－11月/澳大利亚/Richard Chamberlain（澳大利亚）
①与大沙锥的脸部图纹、尾羽特征等均极似，持于手中也相当难辨。翼长及尾长的量度值较大，可能与其长距离不停歇迁徙习性有关，但在站立姿态时此特征难辨
②喙长可长似扇尾沙锥，但两者个体差异均极大，野外难以应用此特征于辨识。体型大小可作为野外辨识的线索，但在照片中无法判断
③初级飞羽刚更替为新羽，色彩黑而端部具白色边缘

翼下密布暗色斑

77b 尾羽（环志时）/澳大利亚/Richard Chamberlain
（澳大利亚）

77c 成鸟炫耀飞行—5月/日本/Richard Chamberlain
（澳大利亚）
①尾羽打开，脚略突出于尾后
②翼下密布暗色斑

翼覆羽较暗

77d 成鸟与可能的幼鸟（左）—9月/澳大利亚/Richard Chamberlain（澳大利亚）
①成鸟在更替内侧初级飞羽，或者已全部更替完毕
②左侧个体翼覆羽较暗，可能为幼鸟，还未开始更替飞羽

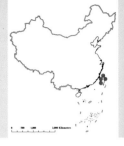

78 小黄脚鹬

(xiǎohuángjiǎoyù) Lesser Yellowlegs *Tringa flavipes*

体长 / 23—25厘米 翼展 / 59—64厘米 体重 / 48—114克
IUCN受胁等级 / 无危（LC）

外观：颈长、腿长而似泽鹬，但黑色的喙较短且喙端略钝而不似针状。腿的黄色比林鹬更显著。上体具较多白色点斑而略似林鹬。身体后部轮廓长于林鹬。浅色眉纹不如林鹬显著。飞行时轮廓似泽鹬但腰部白色不上延至背部，仅呈方形而不呈楔形。

习性：繁殖于北方开阔林地及苔原边缘，迁徙及越冬于沿海及内陆的各种湿地。觅食步态稳健，如泽鹬和林鹬。

分类与分布：单型种。分布于美洲，迷鸟至东亚。在我国仅记录于香港和台湾。

参考文献：1—29

喙略长于林鹬

78a 幼鸟—8月／美国／Tom
Lindroos（芬兰）
①喙长中等，略长于林鹬；
长腿黄色。腰部白色似林鹬
②年龄判断基于翼上覆羽及
飞羽排列整齐、较少磨损，
肩羽偏褐色

黄色的腿长于林鹬

78b 非繁殖羽—2月／佛得角
群岛／Tom Lindroos（芬兰）
①黄色的腿长于林鹬
②整体灰色深于泽鹬，较平
淡，缺乏林鹬致密的浅色点斑

78c 繁殖羽－7月/加拿大/章克家

上体黑色点斑增多，胸口纵纹粗显

飞行时长腿伸出于尾后

78d 非繁殖羽－2月/佛得角群岛/Tom Lindroos（芬兰）

飞行时长腿伸出于尾后，轮廓似泽鹬

79 漂鹬

（piāoyù） Wandering Tattler *Tringa incana*
体长 / 26－30厘米 翼展 / 50－66厘米 体重 / 72－213克
IUCN受胁等级 / 无危（LC）

外观： 极似灰尾漂鹬。各羽色上体灰色均暗于灰尾漂鹬。浅色眉纹仅于眼前明显。繁殖羽下体深色斑纹更粗显。

习性： 繁殖于高地的河流，迁徙及越冬时喜多岩的海岸地带。行走较快，身体后部不时似矶鹬般上下颤动。于岩石表面及浪花边缘取食，行为上不同于灰尾漂鹬。不集大群。

分类与分布： 单型种，曾置于*Heteroscelus*（漂鹬）属。主要分布于美洲，少量繁殖于俄罗斯东北角的楚科奇，并少量越冬于太平洋的岛屿。在我国偶见于台湾。

参考文献： 1－29

**79a 幼鸟－8月/美国
/Daniel Pettersson
（瑞典）**
①羽色似成鸟非繁殖
羽，上体暗灰色。近
距离时可见鼻沟长度
超过喙长的一半（灰
尾漂鹬的鼻沟长度约
为喙长的一半）
②年龄判断基于上体
排列整齐的羽毛具狭
窄的白色边缘及略深
的次端斑

鼻沟长度超过
喙长的一半

**79b 繁殖羽－5月
/美国/Glen Tepke
（美国）**
下体灰色的横斑比灰
尾漂鹬更致密

下体灰色的
横斑致密

80 西方滨鹬

（xīfāngbīnyù） Western Sandpiper *Calidris mauri*

体长 / 14—17厘米　翼展 / 28—37厘米　体重 / 18—42克

IUCN受胁等级 / 无危（LC）

外观：小型滨鹬，略似缩小版的黑腹滨鹬。喙比红颈滨鹬长，近端部略下弯而似黑腹滨鹬但没有黑腹滨鹬的长。比阔嘴鹬的略短，近端部不似阔嘴鹬般突然向下弯折。身体后部轮廓不如阔嘴鹬长。头大、颈短粗，站立姿态较直而似勺嘴鹬，但勺嘴鹬的喙端从侧面看略上翘而非下弯。

习性：繁殖于苔原，迁徙及越冬于内陆及沿海。觅食动作似其他小型滨鹬。在北美洲可见集超大群体。

分类与分布：单型种。繁殖于阿拉斯加及俄罗斯楚科奇极东部。迁徙及越冬于美洲。迷鸟至东亚，包括我国的北戴河及台湾。

参考文献：1—29

喙近前部略下弯

80a 幼鸟－8月/美国/张宇

①喙长度中等，近前部略下弯，似黑腹滨鹬

②年龄判断基于上体较小、排列整齐、中央色深并具宽阔清晰浅色边缘的羽毛

中趾与外趾间具半蹼

80b 非繁殖羽－1月/美国/Daniel Pettersson（瑞典）
中趾与外趾间具半蹼

身体重心落于胸部

80c 繁殖羽－6月/美国/Daniel Pettersson（瑞典）
①站姿常较直，头大，身体重心落于胸部
②上体及顶冠红黑相间，胸口纵纹粗显

81 白腰滨鹬

（báiyāobīnyù） White-rumped Sandpiper *Calidris fuscicollis*

体长 / 15—18厘米　翼展 / 36—38厘米　体重 / 30—60克

IUCN受胁等级 / 无危（LC）

外观：体型似阔嘴鹬，比黑腹滨鹬略小而比红颈滨鹬略大。腿短，喙长中等，身体轮廓极长但站姿却极平趴。初级飞羽极长，站立时明显伸出于三级飞羽并伸至尾羽之后。飞行时尾上覆羽白色而有别于其他类似的小型滨鹬。

习性：习性似其他小型滨鹬。见于沿海及内陆的湿地，但更偏好湿草地及湿地边缘的草丛地带。

分类与分布：单型种。分布于美洲。我国有迷鸟记录于四川若尔盖及河北北戴河至滦南。

参考文献：1—29, 74

初级飞羽伸出三级飞羽及尾后较远

81a 幼鸟—10月/美国/Ben Lagasse（美国）

①初级飞羽非常长，伸出三级飞羽及尾后较远，站姿平趴，喙长中等且直

②年龄判断基于翼覆羽等排列整齐并具清晰的浅色羽缘。肩背部已有很多灰色的第一冬羽长出

81b 繁殖羽—5月/四川/巫嘉伟

上体羽缘及脸颊出现浅栗色，胸部的细纵纹延至胁部

247

尾上覆羽白色

81c 繁殖羽－5月/瑞典/Ulf Ståhle（瑞典）
与其他相似小型滨鹬的区别之一为尾上覆羽白色，因而得其中英文俗名

81d 飞行－8月/加拿大/章克家
尾上覆羽不白且喙较长的为黑腹滨鹬

82 岩滨鹬

(yánbīnyù) Rock Sandpiper *Calidris ptilocnemis*

体长 / 18—24厘米 翼展 / 34—46厘米 体重 / 71—114克

IUCN受胁等级 / 无危（LC）

外观：略似黑腹滨鹬但黄绿色的腿极短，喙短而略下弯，颈短，站姿低矮。非繁殖羽上体灰色很暗，胸至两胁具灰色点斑。繁殖羽下胸出现似黑腹滨鹬繁殖羽腹部的黑色斑块。此斑块面积较小，不似黑腹滨鹬般的延伸至腹部两腿之后。

习性：繁殖于山地或沿海的苔原。迁徙及越冬主要于多岩石的海岸，偶至沙滩及泥滩。在岩石间缓慢行走及跳跃，于表面捡食。

分类与分布：通常认为共有4个亚种。繁殖于俄罗斯堪察加、楚科奇东部至阿拉斯加西部。越冬主要于北美洲西海岸，有些基本为留鸟，少量越冬于日本。其中*quarta*亚种有迷鸟记录于北戴河。可能存在第五个亚种*kurilensis*，繁殖于堪察加南部，则北戴河的记录也可能为此亚种。

参考文献：1—29

82a *quarta*亚种幼鸟（依据分布）—8月/俄罗斯/Yuri Artukhin（俄罗斯）

①身材短胖，腿短，喙长中等，略下弯

②栖于典型的岩石生境而得其中英文俗名

③年龄判断基于上体较小的、排列整齐的羽毛具宽阔清晰的浅色边缘

腿短

82b *quarta*亚种非繁殖羽（依据分布）—3月/俄罗斯/Yuri Artukhin（俄罗斯）

下体灰色点斑致密

249

82c *quarta*亚种繁殖羽（依据分布）—7月/俄罗斯/Yuri Artukhin（俄罗斯）
上体及顶冠色彩似黑腹滨鹬繁殖羽，下体黑色斑块有时模糊

82d *quarta*亚种繁殖羽（依据分布）—7月/俄罗斯/Yuri Artukhin（俄罗斯）
换羽程度具个体差异

83 高跷鹬

（gāoqiāoyù） **Stilt Sandpiper** *Calidris himantopus*

体长 / 18—23厘米　翼展 / 43—47厘米　体重 / 40—70克

IUCN受胁等级 / 无危（LC）

外观：体型高挑，腿长、颈长，喙长且下弯似弯嘴滨鹬，但喙端显钝。腿比弯嘴滨鹬更长且为黄绿色。飞行时尾上覆羽白而似弯嘴滨鹬，但脚伸出尾后更长且翼上不具显著白色带。

习性：繁殖于沿海的沼泽苔原。迁徙及越冬于内陆湿地，极少至滩涂。觅食步速稳定，常涉深水，长喙探入水下或在表面取食。有时动作机械似"缝纫机"。头会探入水下，身体后部翘向空中。

分类与分布：单型种。繁殖于北美洲的极地，越冬于南美洲。迷鸟至我国台湾。

参考文献：1—29

83a 幼鸟－9月/美国/
Daniel Pettersson（瑞典）
①腿长、颈长、喙长而
略下弯
②年龄判断基于上体较
小、排列整齐，具清晰
浅色边缘的羽毛

腿长

83b 非繁殖羽－8月/美
国/Daniel Pettersson
（瑞典）
整体平淡灰色

下体具粗横斑

83c 繁殖羽—8月/美国/Ben Lagasse（美国）
①腿长，觅食时身体后部上翘
②下体具粗横斑，肩背部有少量非繁殖羽已长出

尾上覆羽白色
具深色横斑

83d 繁殖羽—6月/加拿大/Daniel Pettersson（瑞典）
飞行时长腿伸出于尾后，尾上覆羽白色具深色横斑

84 饰胸鹬

（shìxiōngyù） Buff-breasted Sandpiper *Tryngites subruficollis*

体长 / 16—21厘米　翼展 / 43—47厘米　体重 / 43—117克

IUCN受胁等级 / 近危（NT）

外观： 喙短小、头圆、颈长、腿长，站姿高挑似鸻的鹬，眼的比例不如鸻大。整体皮黄色。站立时初级飞羽明显突出于三级飞羽，三级飞羽羽缘纯色而不具斑纹。飞行时翼上无白带。翼下白色，初级飞羽覆羽有深色月牙形斑。

习性： 繁殖于沿海的苔原，迁徙及越冬于草地、农耕地等。集小至大群在地面迅速走动觅食，似金斑鸻及小杓鹬等。

分类与分布： 单型种。主要繁殖于北美洲，迁徙至南美洲越冬。部分繁殖于俄罗斯楚科齐北部小片地方及邻近岛屿，偶见于东亚。在我国记录于台湾及香港。

参考文献： 1—29

84a 幼鸟与青脚滨鹬（左）—12月/香港/Michelle & Peter Wong

①站姿较直，喙短而直

②年龄判断基于肩背部羽毛较小且白色羽缘较窄

喙短而直

84b 成鸟—6月/美国/蔡志扬

肩背部羽毛较大，羽缘宽阔且为皮黄色

253

85 黑翅燕鸻

（hēichìyànhéng） Black-winged Pratincole *Glareola nordmanni*

体长 / 23—28厘米　翼展 / 60—68厘米　体重 / 84—105克

IUCN受胁等级 / 近危（NT）

外观：似普通燕鸻。站立时尾羽末端不长于翼尖。上体色较深，飞行时翼尖至背部色彩对比不如普通燕鸻及领燕鸻鲜明，翼下覆羽黑色，翅后缘无白色。幼羽的领燕鸻尾羽较短，站立时与同域分布的领燕鸻幼鸟难分辨。

习性：似领燕鸻，但更常见于潮湿草地、芦苇沼泽等植被较多的地方。

分类与分布：单型种。繁殖于东南欧至中亚，越冬于非洲南部。在我国新疆为迷鸟或可能的繁殖鸟。

参考文献：1—29

大覆羽较暗

85a 幼鸟与成鸟－6月/哈萨克斯坦/Askar Isabekov（哈萨克斯坦）

①腿较普通燕鸻及领燕鸻略长

②幼鸟上体具清晰宽阔的浅色羽缘似普通燕鸻及领燕鸻幼鸟，大覆羽较暗；成鸟翼覆羽色深，与飞羽对比不如普通燕鸻及领燕鸻明显

③雄鸟繁殖羽眼先黑色较深并延至眼上方，图中成鸟可能为雌鸟

眼先较黑并向眼上方延伸

尾端与翼尖基本平齐

85b 繁殖羽－6月/哈萨克斯坦/Askar Isabekov（哈萨克斯坦）
①外侧尾羽长度介于普通燕鸻与领燕鸻之间，站立时尾端与翼尖基本平齐
②眼先较黑并向眼上方延伸，可能是雄鸟

翼下覆羽黑色

85c 繁殖羽－5月/哈萨克斯坦/Askar Isabekov（哈萨克斯坦）
翼下覆羽黑色，二级飞羽后缘无白色

新旧初级飞羽呈对比

85d 幼鸟－8月/新疆/丁进清
幼鸟换羽较早，上体已开始出现部分第一冬羽，新旧初级飞羽呈对比

初级飞羽暂停换羽中

85e 幼鸟－8月/新疆/丁进清
与图85d为同一个体。初级飞羽暂停换羽中，内侧新羽已长成，而外侧的还未脱落

85f 幼鸟－8月/新疆/丁进清

与图85d为同一个体。翼上可以更清晰地看出初级飞羽的换羽情况，两翼存在差异：左翼P6接近长成，P7－P10未脱落

85g 幼鸟－8月/新疆/丁进清

与图85d为同一个体。翼上可以更清晰地看出初级飞羽的换羽情况，两翼存在差异：右翼暂停换羽中，P1－P5已长成，而P6－P10未脱落

85h 6月/哈萨克斯坦/Alexey Timoshenko（哈萨克斯坦）

1.郑光美. 鸟类学. 第2版. 北京：北京师范大学出版社，2012.

2.郑光美. 中国鸟类分类与分布名录. 第2版. 北京：科学出版社，2011.

3.旭日干. 内蒙古动物志(3). 呼和浩特：内蒙古大学出版社，2013.

4.曲利明. 中国鸟类图鉴（便携版）. 福州：海峡书局，2015.

5.蔡友铭，袁晓. 上海水鸟. 上海：上海科学技术出版社，2008.

6.刘小如，丁宗苏，方伟宏，等. 台湾鸟类志. 台北：台湾"行政院"农业委员会林务局，2010.

7.尹琏，费嘉伦，林超英. 香港及华南鸟类. 第8版. 香港：香港观鸟会，2008.

8.马鸣. 新疆鸟类分布名录. 北京：科学出版社，2011.

9.刘廼发，包新康，廖继承. 青藏高原鸟类分类与分布. 北京：科学出版社，2013.

10.马敬能，菲利普斯，何芬奇. 中国鸟类野外手册. 长沙：湖南教育出版社，2000.

11.程松林，刘江南，张雁云. 武夷山自然保护区鸟类. 北京：科学出版社，2011.

12.杨岚，杨晓君. 云南鸟类志(上卷). 昆明：云南科技出版社，1995.

13.Prater T, Marchant J, Vuorinen J. Guide to the Identification & Ageing of Holarctic Waders. BTO Guide 17. Tring, England: British Trust for Ornithology, 1977.

14.Brazil M. Birds of East Asia. London: Christopher Helm, 2009.

15.Aye R, Schweizer M, Roth T. Birds of Central Asia. London: Christopher Helm, 2009.

16.O'Brien M, Crossley R, Karlson K. The Shorebird Guide. New York: Houghton Mifflin, 2006.

17.Chandler R. Shorebirds of the Northern Hemisphere. London: Christopher Helm, 2009.

18.Grimmett R, Inskipp C, Inskipp T. Birds of the Indian Subcontinent. London: Christopher Helm, 1999.

19.Robson C. Birds of Southeast Asia. Princeton: Princeton University Press, 2005.

20.Holland D, Minton C. Waders: The Shorebirds of Australia. Melbourne: Blooming Books, 2012.

21.Svensson L, Grant P J. Bird Guide: The Most Complete Guide to the Birds of Britain and Europe. London: Harper Collins, 1999.

22.Taylor D, Message S. Waders of Asia, Europe and North America. London: Christopher Helm, 2005.

23.Wassink A, Oreel G J. The Birds of Kazakhstan. De Cocksdorp, Texel, 2007.

24.del Hoyo J, Elliott A, Sargatal J, et al. Handbook of the Birds of the World Alive. Vol 3.Barcelona: LynxEdicions, 2017.

25.Lappo E G, Tomkovich P S, Syroechkovski E E. Atlas of breeding waders in the Russian Arctic. Moscow: УФ оФС3ГНАЯ И3УАГБ, 2006.

26.Wetlands International (2017). Waterbird Population Estimates. Retrieved from wpe.

wetlands. org on Thursday 13 Jul 2017.

27.Bamford M, Watkins D, Bancroft W, et al. Migratory Shorebirds of the EastAsian-Australasian Flyway; Population Estimates and Internationally Important Sites. Canberra: Wetlands International-Oceania, 2008.

28.Cao L, Tang S, Wang X, et al. The importance of eastern China for shorebirds during the non-breeding season. Emu, 2009, 109: 170-178.

29.China Coastal Waterbird Census Group, Bai Q. Identification of coastal wetlands of international importance for waterbirds: a review of China Coastal Waterbird surveys 2005-2013. Avian Research, 2015, (6): 12. DOI 10. 1186/s40657-015-0021-2.

30.Usticali R R, Carton Valle R F S. Taxonomic status of the Oystercatcher *Haematopus ostralegus* breeding in Italy: The eastern limit of *H. o. longipes* has moved 700 km westwards. Bird Study, 2002, 49: 3, 310-313. DOI: 10. 1080/00063650209461282.

31.Melville D S, Gerasimov Y N, Moores N, et al. Conservation assessment of Far Eastern Oystercatcher *Haematopus [ostralegus] osculans*. International Wader Studies, 2014, 20: 129-154.

32.van Roomen M, Langendoen T, Amini H, et al. Population estimate of *Haematopus ostralegus longipes* based on non-breeding numbers in January. International Wader Studies, 2014, 20: 41–46.

33.马鸣. 肉垂麦鸡指名亚种（*Vanellus indicus indicus*）——中国鸟类亚种新记录. 中国鸟类研究简讯, 2016, 25(2)：7－8.

34.Flaherty T. Satellite Tracking of Grey Plover from South Australia to Russia. VWSG Bulletin, 2016, 39: 45-54.

35.Meissner W. Ageing and sexing the *curonicus* subspecies of the Little Ringed Plover *Charadrius dubius*. Wader Study Group Bulletin, 2007, 113: 29-31.

36.Kennerley P R, Bakewell D N, Round P D. Rediscovery of a long-lost *Charadrius* plover from South-East Asia. Forktail, 2008, 24: 63-79.

37.Hirschfeld E, Roselaar C S, Shirihai H. Identification, taxonomy and distribution of Greater and Lesser Sand Plovers. British Birds, 2000, 93: 162-189.

38.Piersma T, Hassell C. Record numbers of grasshopper-eating waders (Oriental Pratincole, Oriental Plover, Little Curlew) on coastal west-Kimberley grasslands of NW Australia in mid February 2010. Wader Study Group Bulletin, 2010, 117: 103-108.

39.Devort M, Leray G, Ferrand Y. Age determination of Jack Snipe by plumage characteristics. Wader Study, 2017, 124: 60-65. DOI: 10. 18194/ws. 00054.

40.Leader P J, Carey G J. Identification of Pin-tailed Snipe and Swinhoe's Snipe. British Birds, 2003, 96: 178-198.

41.Morozov V V. Displaying Swinhoe's Snipe in eastern European Russia: a new species for Europe. British Birds, 2004, 97: 134-138.

42.Kaczmarek K, Minias P, Włodarczyk R, et al. A new insight into the ageing of Common Snipe *Gallinago gallinago*-the value of contrast within the wing coverts of adults. Ringing & Migration, 2007, 23: 4, 223-227. DOI: 10.1080/03078698. 2007. 9674368.

43.Włodarczyk R, Janiszewski T, Kaczmarek K, et al. Sexing Common Snipe (*Gallinago*

gallinago) in the field-is there any simple method? Ring, 2006, 28, 1: 45-50.

44.Włodarczyk R, Kaczmarek K, Minias P, et al. Ageing and sexing of the Common Snipe *Gallinago gallinago gallinago*. Wader Study Group Bulletin, 2008, 115: 45-49.

45.Polyakov V E. Distinguishing Black-tailed Godwit subspecies *limosa* and *melanuroides* using quantitative assessment of plumage. Wader Study, 2014, 122: 71-76.

46.Hoglund J, Johansson T, Beintema A, et al. Phylogeography of the Black-tailed Godwit *Limosa limosa*: substructuring revealed by mtDNA control region sequences. J Ornithol, 2009, 150: 45-53. DOI 10. 1007/s10336-008-0316-8.

47.Groen N, Mes R, Fefelov I. et al. Eastern Black-tailed Godwits *Limosa limosa melanuroides* in the Selenga Delta, Lake Baikal, Siberia. Wader Study Group Bulletin, 2006, 110: 48–53.

48.Groen N M, Yurlov A K. Body dimensions and mass of breeding and hatched Black-tailed Godwits (*Limosa l. limosa*): a comparison between a West Siberian and a Dutch population. J Ornithol, 1999, 140: 73-79.

49.Veltheim I. Little Curlew Update 1 October, 2014. Tattler, 2014, 34: 16-17.

50.Standen R, Londo I. Sumatran-flagged Common Redshank seen on the breeding ground. Tattler, 2015, 37: 7-8.

51.Choi C Y, Melville J K, Hale W G, et al. A Common Redshank of the form *Tringa totanus craggi* at Yalu Jiang National Nature Reserve, Liaoning province, China. Birding ASIA, 2016, 26: 65-66.

52.Hassell C, Southey I, Boyle A, et al. Red Knot *Calidris canutus*: subspecies and migration in the East Asian-Australasian flyway-where do all the Red Knot go? Birding ASIA, 2011, 16: 89-93.

53.Rogers D I, Yang H Y, Hassell C J, et al. Red Knots (*Calidris canutus piersmai* and *C. c. rogersi*) depend on a small threatened staging area in Bohai Bay, China. Emu, 2010, 110: 307-315.

54.Verhoeven M A, van Eerbeek J, Hassell C J, et al. Fuelling and moult in Red Knots before northward departure: a visual evaluation of differences between ages, sexes and subspecies. Emu, 2016, 116: 158-167.

55.Kempenaers B, Valcu M. Breeding site sampling across the Arctic by individual males of a polygynous shorebird. Nature, 2017, 154: 528-531. DOI: 10. 1038/nature 20813.

56.Barshep Y, Minton C, Underhill L G, et al. The primary moult of Curlew Sandpipers *Calidris ferruginea* in North-western Australia shifts according to breeding success. Ardea, 2011, 99: 43–51. DOI: 10. 5253/078. 099. 0106.

57.Choi C, Hua N, Persson C, et al. Age-related plumage differences of Dunlins along the East Asian-Australasian Flyway. Journal of Field Ornithology, 2010, 81: 99-111. DOI: 10. 1111/j. 1557-9263. 2009. 00246. x.

58.Lanctot R B, Barter M, Chiang C Y, et al. Use of Band Resightings, Molecular Markers and Stable Isotopesto Understand the Migratory Connectivity of Dunlin Breeding in Beringia and Wintering in the East Asian-Australasian Flyway. Taiwan: The Proceedings of 2009 International Symposiumon Coastal Wetlands and Water Birds Conservation, 2009.

59.Lappo E G, Tomkovich P S. Breeding distribution of Dunlin *Calidris alpina* in Russia. International Wader Studies, 1998, 10: 152-169.

60.Tomkovich P S. Breeding schedule and primary moult in Dunlins *Calidris alpina* of the Far East. Wader Study Group Bulletin, 1998, 85: 29-34.

61.Bentzen R, Dondua A, Porter R, et al. Large-scale movements of Dunlin breeding in Chukotka, Russia, during the non-breeding period. Wader Study, 2016, 123: 86-98.

62.彭鹤博, 蔡志扬, 章麟, 等. 勺嘴鹬在中国的分布状况和面临的主要威胁. 动物学杂志（Chinese Journal of Zoology）, 2017, 52: 158－166.

63.Zhang L. Over-summering waders in Dongtai-Rudong area, Jiangsu Province, China. Tattler, 2016, 40: 6-7.

64.Syroechkovski E E, Tomkovich P S, Kashiwagi M, et al. Population Decline in the Spoon-billed Sandpiper (*Eurynorhynchus pygmeus*) in Northern Chukotka Based on Monitoring on Breeding Grounds. Biology Bulletin, 2010, 37: 941-951.

65.Clark N, Anderson G, Li J, et al. First formal estimate of the world population of the Critically Endangered Spoon-billed Sandpiper *Calidris pygmaea*. Oryx, 2016, 1-10. DOI: 10.1017/S0030605316000806.

66.Jukema J, Piersma T. Permanent female mimics in a lekking shorebird. Biology Letters, 2006, 2: 161-164. DOI: 10.1098/rsbl.2005.0416.

67.Wang H, Barter M. Estimates of the numbers of waders in the Dongsha Island, China. Stilt, 1998, 33: 41-42.

68.Sitters H, Minton C, Collins P, et al. Extraordinary numbers of Oriental Pratincoles in NW Australia. Wader Study Group Bulletin, 2004, 103: 26-31.

69.Johnson O W, Tomkovich P S, Porter R R. et al. Migratory linkages of Pacific Golden-Plovers *Pluvialis fulva* breeding in Chukotka, Russian Far East. Wader Study, 2017, 124: 33–39. DOI: 10.18194/ws.00056.

70.Shigeta Y, Hiraoka T, Gonzalez J C T. The First Authentic Record of Latham's Snipe *Gallinago hardwickii* for the Philippines. 山階鸟研报（Journal of the Yamashina Institute for Ornithology）, 2002, 34: 240-244.

71.Ura T, Azuma N, Hayama S, et al. Sexual dimorphism of Latham's Snipe (*Gallinago hardwickii*). Emu, 2005, 105: 259-262.

72.Wild Bird Society of Japan. Latham's Snipe Tracking by Wild Bird Society of Japan. Tattler, 2016, 41: 12.

73.Hansen B, Honan J, Wilson D, et al. Konnichiwa Ojishigi: following Latham's Snipe from Japan to Australia. Tattler, 2016, 41: 13-14.

74.Wu J, Wilcove D S, Robinson S K, et al. White-rumped Sandpiper *Calidris fuscicollis* in Sichuan, China. Birding ASIA, 2015, 23: 93.

75.Peng H, Anderson G, Chang Q, et al. The intertidal wetlands of southern Jiangsu Province, China-globally important for Spoon-billed Sandpipers and other threatened waterbirds, but facing multiple serious threats. Bird Conservation International, 2017, 27: 305-322. DOI: 10.1017/S0959270917000223.

76.全照明. 鸟讯. 中国鸟类观察（China Bird Watch）, 2017, 116: 56.

● 将来可能出现于国内的鸟种

中文名	英文名	学名	备注
石鸻	Beach Thick-knee	*Esacus magnirostris*	分布于南海周边
美洲金鸻	American Golden Plover	*Pluvialis dominica*	分布于美洲
半蹼鸻	Semipalmated Plover	*Charadrius semipalmatus*	分布于美洲
中沙锥	Great Snipe	*Gallinago media*	分布于中亚
短嘴鹬	Short-billed Dowitcher	*Limnodromus griseus*	分布于美洲
棕塍鹬	Hudsonian Godwit	*Limosa haemastica*	分布于美洲
细嘴杓鹬	Slender-billed Curlew	*Numenius tenuirostris*	分布于中亚，可能已灭绝
大黄脚鹬	Greater Yellowlegs	*Tringa melanoleuca*	分布于美洲
半蹼滨鹬	Semipalmated Sandpiper	*Calidris pusilla*	分布于美洲
姬滨鹬	Least Sandpiper	*Calidris minutilla*	分布于美洲
黑腰滨鹬	Baird's Sandpiper	*Calidris bairdii*	分布于美洲
赤颈瓣蹼鹬	Wilson's Phalarope	*Phalaropus tricolor*	分布于美洲
乳色走鸻	Cream-colored Courser	*Cursorius cursor*	分布于中亚

● 摄影师个人网站

Coke & Som Smith   http://www.cokesmithphototravel.com/

Jonathan Martinez   http://www.tragopan-asie.com

Tom Lindroos   http://tomlindroos.1g.fi

Nicky Green（诸葛民）   http://birdinginchina.com

Tomas Lundquist   http://www.tomaslundquist.com

Daniel Pettersson   http://photoblog.danielpettersson.com/

中文名笔画索引 /

释义 >

三趾滨鹬 / P173 ｜ 55a-55e / P173-175
P176、P201 ｜ 15e / P056 ｜ 64l / P206

■ 本鸟种文字详情页　　■ 本鸟种图片详情页
■ 出现于其他鸟种文字详情页　■ 出现于其他鸟种图片详情页

三画 >

四画 >

拉丁名索引 /

Gallinago gallinago / P103 ｜ 33a-33e / P103-105
P099、P101 ｜ 28c / P095 ｜ 31a-31c / P099-100 ｜ 32c / P102 ｜ 34b / P107 ｜ 77a / P240

Gallinago hardwickii / P240 ｜ 77a-77d / P240-241
P098 ｜ 32a-32b / P101 ｜ 32d / P102

Gallinago megala / P101 ｜ 32a-32d / P101-102
P099、P103、P240 ｜ 31a / P099 ｜ 77a / P240

Gallinago nemoricola / P098 ｜ 30a-30b / P098

Gallinago solitaria / P096 ｜ 29a-29d / P096-097
P098 ｜ 30a / P098

Gallinago stenura / P099 ｜ 31a-31c / P099-100
P101、P103 ｜ 32a-32c / P101-102

Glareola lactea / P228 ｜ 71a-71e / P228-230

Glareola maldivarum / P225 ｜ 70a-70f / P225-227
P223、P228、P254

Glareola nordmanni / P254 ｜ 85a-85h / P254-258

Glareola pratincola / P223 ｜ 69a-69d / P223-224
P254

H >

Haematopus ostralegus / P029 ｜ 6a-6g / P029-032
P026

Himantopus himantopus / P036 ｜ 8a-8e / P036-039
36c / P115 ｜ 66c / P212

Hydrophasianus chirurgus / P088 ｜ 25a-25e / P088-090
P091 ｜ 26b / P092 ｜ 26c / P092

I >

Ibidorhyncha struthersii / P033 ｜ 7a -7f / P033-035

L >

Limicola falcinellus / P208 ｜ 65a-65f / P208-210
P201、P245、P247 ｜ 20j / P075 ｜ 55e / P175 ｜ 63f / P200

Limnodromus scolopaceus / P106 ｜ 34a-34e / P106-108
P109 ｜ P122

Limnodromus semipalmatus / P109 ｜ 35a-35h / P109-113
P106、P118 ｜ 9d / P041 ｜ 34a / P106 ｜ P122

Limosa lapponica / P118 ｜ 37a-37f / P118-121
P109、P114 ｜ 15e / P056 ｜ 34c / P107 ｜ 35e-35f / P112 ｜ P122 ｜ 40d / P131 ｜ 41a / P133 ｜
46g / P150 ｜ 50d / P161 ｜ 54c / P172

后记 /

本书的出版首先要感谢海峡书局的策划、编辑及设计。若非力推及相助，这样一本书从存在于构思中至最终出版，将耗费数年甚至十数年。而此间可能很多鸻鹬类已因缺乏关注与了解而濒临灭绝。

感谢众多鸟类学家与摄影师在写作与资料征集方面提供的帮助，更要感谢他们平日在鸻鹬类观察研究中提供的帮助。他们是：Pavel Tomkovich，蒋忠祐，Chris Hassell，余日东，Richard Chamberlain，Birgita Hansen，Danny Rogers，Hiroshi Tomida，朱冰润，阙品甲，苟军，David Melville（梅伟义），Tadao Shimba，李静，傅咏芹，雷进宇，张浩辉，邢睿，王瑞卿，何芬奇，江航东，慕童，Peter Bjurenstål，Ulf Ståhle，Askar Isabekov，Nicky Green（诸葛民），Frank Gill，Chaiyan Kasorndorkbua，Prateep Boonsriram，Somkiat Pakapinyo，Phil Round，Yuri Gerasimov，Paul Holt，Ingvar Byrkjedal，Piotr Minias，Robert Bush，Rick Simpson，Clive Minton，Laber Johannes，Sayam U. Chowdhury，Paul Leader，Guy Anderson，Nigel Clark，James Eaton，Simon Roddis，Johannes Laber，陈学军，于军，窦华山，赛道建，吴巍。

特别感谢蔡志扬对全文提出修改意见、蒋忠祐提供台湾地区鸟类名录及环志资料、余日东、傅咏芹与张浩辉提供香港地区资料。

感谢众多的观鸟爱好者向北京镜朗生态科技有限公司提供观察记录，使其能帮助我们制作鸟种分布图。

感谢Coke & Som Smith一家满是自然类参考书籍的温馨的家庭旅馆提供的写作环境。

最后要感谢的是长期忍受着我们的"离家出走"的亲人们！

本书即将出版之际，恰逢《中国观鸟年报》"中国鸟类名录"5.0（2017）发布。相较于名录的4.0版，勺嘴鹬、阔嘴鹬、流苏鹬和饰胸鹬被并入了*Calidris*（滨鹬）属，正文主要参考的是4.0版，但对上述改动已部分有所体现。对于历史文献中的记录，由于出版时间及经费的限制，我们无法一一核对标本。希望这部分工作在将来有合适机会进行。一些地区性的鸟类志如赛道建的《山东鸟类志》仍未出版，其中的鸟类分布信息只能留待再版时参考。一些种类尤其是沙锥类极难观察拍摄，或者三趾鹬类的参考文献较少，对一些特定个体的照片征集困难极大，待日后更新相关信息。"中国鸟类名录"6.0（2018）已发布，下载地址：www.birdreport.cn/files/t_v6.xls。

颜色	国家/地区	地点	备注	
绿 / 黄	澳大利亚	卡奔塔利亚湾		
绿 / 无	澳大利亚	昆士兰州		
橙 / 黑	印度尼西亚	苏门答腊		
橙 / 蓝	澳大利亚	塔斯马尼亚		
橙（环）/ 绿	美国	阿拉斯加西北部	克鲁森斯特恩海岬	
橙 / 绿	澳大利亚	新南威尔士州		
橙 / 橙	印度尼西亚	西巴布亚省		
橙 / 白	韩国	黄海东部（旧）		
橙 / 黄	澳大利亚	南澳大利亚州		
橙 / 无	澳大利亚	维多利亚州		
白 / 黑	中国	崇明岛（旧）		
白 / 蓝	中国台湾	台湾地区		
白（编码）/ 蓝	中国台湾	台湾岛	北部（左腿）	
			南部（右腿）	
白 / 蓝（编码）	中国台湾	金门与澎湖（左腿）		
		马祖与东沙岛（右腿）	马祖（不剪角）	东沙岛（白旗剪角）

白 绿	新西兰	南岛	
白 橙	韩国	黄海东部	
白 白	印度	北部	
白 黄	中国	香港	
白 无	新西兰	北岛	
黄 黑	俄罗斯	堪察加	近期误用上黑下黄旗标
黄 蓝	澳大利亚	北领地	
黄（环） 绿	美国	阿拉斯加北部	巴罗
黄 绿	越南		
黄 橙	澳大利亚	西澳大利亚州西南部	
黄 白	俄罗斯	库页岛（萨哈林）	
黄 黄	孟加拉		
黄 无	澳大利亚	西澳大利亚州北部	
浅绿 无	俄罗斯	楚科奇南部	